徳大寺有恒からの伝言

そろそろ、クルマの
黄金時代の話を
しておきましょうか

幸せな自動車人生を送ってきた

私は、日本車が最大瞬間風速を記録したのは、１９８９年だと思っている。トヨタからはセルシオ、日産からはＧＴ－Ｒ、マツダからはユーノス・ロードスターが登場した年だ。これらのクルマが、世界の自動車メーカーに与えた影響は、とても大きなものがある。メルセデス・ベンツもポルシェもフェラーリも、これはうかうかしていられない、と驚いたはずだ。実際に、それ以降の彼らは、日本車の品質の良さを手本としてクルマ作りをするようになった。

戦後に自動車工業が復興した時には、アメリカやヨーロッパのクルマははるか遠くにあって追いつけそうにない目標だった。政府の中枢の人物が、「日本には自動車工業はいらない。安くていいクルマを作るアメリカから買えばいい」などと発言していた時代である。それが、世界中から模範とされるまで成長したのである。

※

私が運転免許を取得したのは、１９５５年である。ちょうど、トヨタから初代クラウンが発売された年だ。このクラウンというのは、日本車の歴史の中で大きな意味を持っている。初めての、純国産の高級車なのだ。

私の家はタクシー会社をやっていて、シボレーやフォードなどがあった。その中にクラウンも仲間入りして、日本もなかなかたいしたクルマを作るようになったと感心したものだった。

そのクラウンも、代を重ねて今では13代目が作られている。50年以上の長きにわたって同じモデルが作り続けられているのは、相当に希有なことだと思う。そして、今でもクラウンは日本を代表する高級車なのだ。

そんな時代から自動車に乗り始め、日本車の最大瞬間風速を経験することができた。私はつくづく幸せな自動車生活を送ってきたと思う。

若い頃、私はトヨタのワークスドライバーだった。ほかのメーカーのドライバーたちは、みんな友人だった。ドライバーになってから友人になったのではない。もとからの友人たちが何か面白いことはないかと考えていたら、みんなレーシングドライバーになってしまった。何よりも、自動車が面白かったのだ。

レースを引退した後、私は自動車用品の会社を作った。クルマとファッションが結びついて、時代の先端を行っていた。この会社は後で駄目になってしまったが、今思うと楽しい時代だった。

※

この本で、5人の若い自動車ライターと話をさせてもらった。いずれも自動車を好きなことにかけては、甲乙つけがたい面々である。

彼らは皆、第一線で活躍している現役のライターだ。新車の試乗会などで言葉を交わすこともある。でも、「自動車とはどういうものか」というような大きなテーマについてじっくり話す機会はなかなかないものだ。今回は思う存分に、自動車のさまざまな側面についいて語り合うことができた。

それぞれ違うテーマで対話をしたが、愉快な時間を過ごすことができた。話をしているうちに、さまざまなことを思い出した。それは、必ずしもいい思い出とは限らないのだが、今となっては懐かしく感じられる。私が幸せな自動車人生を送ってきたことを、改めて心得ることができた。

問われるままに、私の記憶する昔話を披露した。5人の若い自動車ライターに何を伝えられたかは、私にはわからない。ただ、お互い自動車好きとして楽しい時間を持てたことは、得難い経験だった。

徳大寺有恒

CONTENTS

イラストレーション＝マー関口

第一章　徳大寺有恒×

島下泰久

●島下泰久（シマシタ　ヤスヒサ）
1972年、神奈川県出身。クルマをとりまくあらゆる事象を対象に、専門誌、男性誌、webなど様々な媒体で執筆している。最近ではエコドライブに関する講演や、インストラクターとしての活動にも幅を広げている。

『間違いだらけのクルマ選び』はどこが衝撃的だったんでしょう？

『間違いだらけのクルマ選び』がなければ、日本の今の自動車評論、あるいは自動車メディアは存在し得なかったということ。それは改めて繰り返すまでもないでしょう。特に、モータージャーナリストという看板で生計を立てている私にとっては、徳大寺さんと『間違いだらけ……』がなかったら、このような仕事に就くことはできなかったはず。今のように批評、批判も込みで好きに論じることは叶わなかったに違いありません。

しかし、そうした徳大寺さんや、その他の先輩方の苦労を、私や私と同世代の人間は、伝え聞いた範囲でしか知らないことも事実です。たとえば徳大寺さんが、杉江博愛ではなく徳大寺有恒にならなければならなかった背景や当時の空気については、ぜひともご本人に聞いてみたいと常々思っていたのです。

そしてもう一点。自動車評論とはどうあるべきかを、改めてお聞きできればと思います。徳大寺さん以降、自動車評論の分野で本当の意味でメジャーになった人はいません。もちろん時代性を勘案せずには語れない話ですが、やはりそれだけではないはずです。

徳大寺さんの書かれてきたものには、自動車の話ではあっても自動車だけの話にはとどまらない独自の世界が展開されています。それが、今の自動車メディアやジャーナリズムに圧倒的に欠けていることは認めざるを得ません。そんな〝徳大寺節〟はどうやって生まれたのか。それを今のこの閉塞した空気を変えていくためのヒントにしたいのです。

今、自動車メディアやジャーナリズムは瀕死の状況です。じわり続いていた長期低落傾向に、経済の失速による一層のクルマ離れと出版不況が重なったわけですが、きっと理由はそれだけではないはずです。もっと広く多くの人に、自動車について書かれたものを楽しんでもらうには、どうするべきか。ぜひ、大先輩の意見を聞いてみたいのです。いつまでも、先輩方の遺したもので食べていくわけにはいかないのですから……。

きちんとお話しさせていただくのは初めての〝巨匠〟。緊張しつつもとても楽しみです。

彗星の如く現れるんだ、小林彰太郎が

島下泰久　今回、一番お聞きしたいと思っていたのは『**間違いだらけのクルマ選び**』を出された前後のことです。この本の最初の1冊を出されたのが1976年、昭和51年なので、僕の世代だと、正直言ってリアルタイムでの記憶っていうのは、あまりないんです。『間違いだらけ……』以前の自動車評論とは、どんなものだったんでしょうか。

徳大寺有恒　我々の先輩と言えば、ひとりはやはり**小林彰太郎**さんでしょう。でも、もっと古い方はいて、たとえば**宮本晃男**さん。我々のルーツはって言ったら宮本晃男さんだと僕は思う。

運輸省の技官で、いろんなクルマに乗れる立場だったからさ、彼は。日本に入ってきたクルマ全部、ナンバーを付けるためにテストしていたんだ。それを雑誌に連載もされていたし、ひとつにまとめた本があったんだな。宮本さんこそホントに我々の大先輩だと思う。そのあたりの記事というのは、隈なく読んだな。

僕が初めて読んだ自動車の原稿っていうのが彼のもので、僕が中学校2年く

間違いだらけのクルマ選び

1976年に発売され、それまでの自動車評論を覆した1冊。正・続あわせて100万部を超えるベストセラーとなった。2006年に総集編となる『最終版』が発行された。

小林彰太郎

『CAR GRAPHIC』の創刊メンバーであると同時に、同誌の初代編集長。現在も編集顧問として活躍している。徳大寺有恒とともに、日本の自動車評論を代表する存在。

らいのときだな。彼はね、クルマそのものの話だけじゃなく、運転っていうのはどういうふうにするか、自動車っていうのはなぜ走るんだっていうのを書いていたんだ。これは自動車評論というより、もっと手前の話なんだけど。宮本さんのことは僕は本当に尊敬していた。現に何度も会ったしさ、後に。

でもね、1960年代前半だと思ったけどね、彗星の如く現れるんだ、小林彰太郎が。小林さんの原稿は、それまでの自動車評論とは違っていて、「I think」の原稿だからさ。「私はこう考える」だな。その当時、自動車評論のようなものを書いている人は、ほかにも何人かはいたけど、それはもう、全然違うよね。

僕もね、最初のうちは、うんと叩かれた。「それはお前の考えだろ、そんなもの読みたくない」っていうのがね、すごくあったんだよ。もっと公平にやれって。でも、公平な評論なんて世の中にあるのかってオレは憤ったんだよ（笑）。公平じゃないのが評論だと、僕は思ってるからね。だから小林さんの原稿は僕の考え方に、まさにぴたりとはまったんだよ。

で、この人はすごいなと思ったのは、教養があるからね。それで文章そのものが面白かったんだな。もともと僕は生意気な文学青年だったからさ（笑）、

宮本晃男
1907年生まれの自動車評論家。クルマの運転の方法や自動車工学に関しての本を多数出版している。

やっぱり好きなんだよね、小説のほうが。それがたまたま自動車が好きで、こういう原稿を書き始めたけど、ホントは文芸評論をやりたかったんだよな（笑）。そう考えれば小説なんだよ、僕の原点は。

物書きは自分のスタイルを持つのが大事

島下　では徳大寺さんならではのスタイルは、どうやってつくっていったんでしょうか？

徳大寺　あのね、オレは実は昔のオレの原稿見るのイヤなんだよ。なぜかって言うと、もうホンットに小林彰太郎そっくりなんだ（笑）。小林さんの文体っていうのはイギリス文体なんだな。僕はイギリスの翻訳物、特に冒険小説がうんと好きだから、非常に入りやすかったんだ、彼のは。そして考え方だけじゃなく、教養だったり文章それ自体だったりというのも、魅力だったんだよ。

何とか、自分の本を出すくらいから、やっと自分のスタイルというものになったと思うんだよね、僕も。物書きはスタイルが大事だよ。自分のスタイルを持つっていうのがすごく大事。それに読者はついてくるんだから。そのスタイルを持つにはやっぱり、本を読むしかない。

よく、そういう話になると、遊びはどうなんですかって聞かれるんだけど、遊びは、もちろん好きだから遊ぶんだけどさ（笑）、スタイルをつくるために遊ばなきゃなんて思ったことはないよ。そんなこと思わなくたって、自然に遊んじゃうんだもん（笑）。

あとね、原稿を見てもらうってすごく大事。僕はね、最初に原稿にすごく厳しいこと言ってくれた人はね、**『モーターマガジン』**の編集長だった見山亮さんって方。これがね、なかなか厳しいんだ。今はそんなことする人はいないだろうけど、僕はね、いつも原稿書き終わると原稿を編集長の机に出して、読んでもらうまでずっと待っててね。見山さんは読むと、すっと僕の顔を見てね、「まあいいでしょう」って言う。それで、よろしくお願いしますって帰ってくるんだ。

時には厳しいことを言われる時もあるんだけどさ、見山さんっておとなしい方だから、その場で原稿を読んで「これはダメだ」なんて絶対に言わない。「ことによると、少し直させていただきますけど、よろしく」ぐらいしか言わないんだな。でも、それを言われたら相当変わると思ったほうがいい（笑）。でも

モーターマガジン　1955年に創刊し、現在日本で最も歴史のある自動車専門誌である。

修正された原稿を見て、「ああ、こっちのほうがいいな」と思ったことも、まああるんだよ（笑）。

そう考えると残念なことに最近、原稿が読める編集者がいない。これがね、もうまずダメだよ。原稿が読める編集者じゃないと、書き手は絶対育たないもん。良い編集者に出会うっていうのはすごく大事なんだよな。読者っていうのは、編集者の向こうにいるんだからさ、直接会えないんだからね。この人はちゃんと読んでくれるという編集者じゃないとさ。人によっては「何でお前なんかに原稿に手を入れられなきゃならないんだよ」って思うよな（笑）。

『間違いだらけ……』も草思社の加瀬昌男さんという優れた編集者がいたからこそ生まれたのは間違いないよ。加瀬さんは、自動車のことは全然わからないんだけど、文章というか本の成り立ちというのを教わった。あの本では57台の自動車をとり上げているんだけど、それを起承転結、どこで盛り上げるかみたいなこととかね。もしかすると、たぶん自動車のことをわからない人だからこそ、ああいう本ができたのかもしれないな。

なるべく本を読む。暇さえあれば本を読んでるよ

島下　うまい文章の種類っていうのもいろいろありますよね。

徳大寺　うん、そうだね。僕は谷崎に傾倒していたから（笑）。谷崎は、文章の書き方みたいなものも書いてるもんな。でもね、若いあなたに偉そうなこと言ってあれなんだけど、まず書き手の前に読み手であるべきだよ。なるべくたくさん読みなさいって僕は言いたいな。それも小説に限らず、何でもありとあらゆるものをね。きっとそれはあなたの財産になりますよ。

僕ね、よく質問されるんだけどね、一番影響を受けた書き手は誰ですかって。もちろん小林彰太郎なんだけどさ、それ以外でね、僕は**幸田文**とか**野上弥生子**といった女流作家が好きでね、そういう影響受けてるなあ。残念ことにね、我々の仲間には読書家がいないんだよな、ホントに残念なことだと僕は思うんだけど。

約束はできないけど、きっと文章がうまくなればね、自然に仕事は増えると思う。読んでるやつはいるんだから！　その中で、たとえば編集者みたいな職業の人は、必ず覚えておこうと思うからね、書いている人間の名前を。僕が『間

幸田文
幸田露伴の次女。随筆家、小説家として活躍した。代表作に幸田露伴との思い出を綴った『父』『こんなこと』や芸術院賞と新潮社文学賞を受賞した『流れる』や読売文学賞受賞の『黒い裾』などがある。

野上弥生子
小説家。夏目漱石の門下生の野上豊一朗と結婚し作家活動を始める。代表作に『迷路』『秀吉と利休』『森』などがある。

違いだらけ……』を出した後も、そうやって専門誌だけじゃなく一般誌まで含めた、いろいろな編集者と知り合うことができたし、仕事の幅もすごく広がったから。すごく良かったと思ってるよ。

我々の自動車の原稿ってカタカナが多すぎる

島下　ところで、そういういろいろな方の文章なり文体なりを見ていくうちに、次第に徳大寺スタイルができてきたんだと思うんですが、たとえば『間違いだらけ……』では、どんなことを、どんな風に書こうと思っていたんでしょうか。

徳大寺　わかりやすく書こうと思った。まず一般の人って、クラッチも知らなきゃトランスミッションも知らないしさ。我々の自動車の原稿ってカタカナが多すぎるんだよ。それをね、うんと圧縮しようと思った。カタカナをうんと圧縮して、ひらがなの文字にしようと思ったね。そうじゃないと、まず草思社の人がね、あそこも古い出版社だから校正者とか全部いるわけだよね。そういう人がまずわかるようじゃないと話にならないからさ。

大事なのは、オレたちの原稿が実は一般には通じないんだってまず自覚すること。それがわからないから、自動車雑誌が売れない。広がんないんだよ。『間違いだらけ……』が出た時にも、やっぱりそういう本はなかったんだ。一般の人がわかるような言葉でクルマを批評するというのが。それにしても最初が76万部。あそこまで売れるとは思わなかったな（笑）。

自動車雑誌を読んでいた人ではなくて、対象はあくまで、もっと広いところに向けたのが良かったんだと思う。本当にね、従来の専門誌を読んでる人っていうのは、まったく頭になかった。そういうのを読んでる人には「なんてつまんないことを書いてるんだ」と思われていいと思ったんだ。

だって、エンジンがあって、クラッチがあって、トランスミッションがあってっていうのをまず人々が知らないとさ。クラッチを切ってギアをシフトしてっていうのを、一体なぜするんだろうというところから教えたの。だってさ、いわゆる専門誌の読者ではないし、そういうことを深く理解しているわけでもないけれど、間違いなくクルマ好きだという人は、世の中には絶対たくさんいるんだから。だから僕の読者っていうのは、未だに専門誌を買わないと思うんだよね。

今の自動車専門誌は一般の人に読んでもらうということを忘れがちだと思

う。もちろんジャーナリストも。あまり細分化してもいけないからさ、ある程度、太くて中央にある路線をいかないとダメだね、ジャーナリズムは。

非常に情けないのはね、世の中で自動車の事件かなんかが起きると、たいていの新聞社から僕のところに電話がかかってくるんだよね。もっとほかにいるだろうと僕は思うんだけどさあ。彼らの頭には、今もそれしかないってことなんだろうけどな。

「間違いだらけ」は3回くらい書き直した

島下　文体の面ではわかりやすさが一番にあったということですが、内容では何を世の中に言わなければと思われてたんですか?

徳大寺　なぜあれを書いたかというとね、僕はフォルクスワーゲン・ゴルフに1年乗っていろいろ感じることがあって書こうと思ったんだ。日本車って、どうしてこう無駄なんだろうっていう疑問からできたんだな。

たとえば当時の日本車は、装備はどんどん豪華になってきていたんだけど、ブレーキなんかひどかったからね。初期はカックンってよく効くんだよ、冷えてるから。でも、ちょっとスピード出して、たとえば100km／hとか出すと、そのよく効くところなんてすぐに使い切っちゃうから、あとは**フェード**してってペダルが床にどんどん近づいていくんだ。だからね、『間違いだらけ……』の最初の頃は、ブレーキのことをすごく大事にした原稿が多いんだよ。

もちろん僕は日本人であるわけだから、日本車が無駄な理由ってのも、ある意味わかってるわけだよね。でも僕が考えたのは、ごく初歩的なことだけど、走る曲がる止まるっていうのが自動車の一番大切な要素だっていうことを忘れてるんじゃないかっていうこと。それを言いたかった本なんだよ、あれは。

たとえばさ、当時のイギリス車のブレーキはよく効いたし、あらゆる面でメルセデス・ベンツはやっぱり頭抜けていた。そういうことを知ってる以上は、ちゃんと伝えないといけないじゃない。まあ、エアコンがどんなに良くてもさ、曲がらなきゃどうしようもないってことだよな（笑）。

でもあれを書いた時、最初の原稿が全部ダメで書き直しになったんだよ、3回くらい書き直したかな。あれは原稿用紙400枚か500枚だからね。だから、あれ半年くらいかかったんだよ、出版するのに。そのことはよく覚えてるよ。でも、当時ヒマだったからね。集中してできたんだな。

フェード
　長時間ブレーキを多用することにより発生する現象。摩擦材である ブレーキパッドは酷使すると温度が上昇するが、一定以上の温度になると、摩擦係数が低下する。その結果、ブレーキが利きにくくなる現象のことを言う。

あと覚えているのは、同業のジャーナリストを含めた周囲から、相当な批判があったこと。何でなのかって言うと、小林彰太郎さんがそれは「嫉妬だ」って明快に答えてくれたけど(笑)。でも実際に出版にあたっては、本名を隠したりもした。それが最初に「徳大寺有恒」になった時だな。でも、当たり前だけど感慨みたいなものはまったくなかったよ。それこそ書き直しを重ねて、やっと出せてホッとしたことをよく覚えてる。

そもそも、それも加瀬さんが言ったんだよ、覆面でいきましょうって。危険があると思ったんだろうね。それと何よりも、僕が細々と書いてた専門誌の原稿が、書けなくなったら可哀想だなと考えたんだと思う。でもね、実際には何もなかったんだよ。

当時は自動車が話題になることが大事な時代だった

島下 小林さんがいて『CAR GRAPHIC』もすでに世に出ていたんですから、当時もそれなりにクルマのジャーナリズムというのはあったわけですよね。「ここがダメ」とか書くのも、決してタブーというわけではなかった。

CAR GRAPHIC 1962年4月に二玄社より、小林彰太郎、高島鎮雄、吉田次郎によって創刊。創刊されたときの誌名は『CARグラフィック』であった。

でも、たとえばファッションではあり得ないじゃないですか、批判って。どうしてクルマだけ、それが許される状況になったんでしょう？

徳大寺　それは、すごく大事な質問だな。僕はいつもこう答えるの。つまりね、自動車が新しい業界だから。つまり鉄とかね、糸とかっていうのは古いんだよ業界が。古い業界はそういうことを許さないんだな。ジャーナリズムなんてない。自動車はホントにこれからの産業だったから、許したんだろうね。僕が『間違いだらけ……』を書いた頃って、自動車っていうのは発展途上だったから。

実は『間違いだらけ……』が出た頃、知り合いの新聞記者が、当時張り付いていたトヨタの役員の人に聞いたそうなんだよ。「こういう本が出たんだけど知ってますか？」って。そうしたら「知ってる」と。で、「お読みになりましたか？」と聞いたら「もちろん読んだ」と言ったそうなんだな。それで「どうでしたか？」と聞いたら、これが「とっても良い」と言ったらしい。つまり、自動車のことが話題になるのが、まず良いと。それは厳しい批評であっても、とても大事なことだと答えたそうなんだ。これを聞いた時は、トヨタっていうのは大したもんだと思ったな。しかも面白いのは、そういうことがあると、あの会社は全社員がオレに好意的になるんだよ（笑）。

逆に、敵対というか、雰囲気が悪くなったところもあったね。何となく視線が冷たくなったり、あとはクルマを借りられなくなったり。まあ日産は怒ってたな(笑)。古いんだ。マスコミを許すか許さないかってのは、すごく難しくて、日産は許さないんだな。「原稿持ってこい！」っていう体質だから。トヨタはそんなこと言わない。そういうメーカーごとの温度の差っていうのはあったんだよな、当時も。

面白いんだけど、その頃から、誰それは日産派だとかトヨタ派だとかホンダ派だとか言うんだよ、皆。でも、オレはそんなこと考えたことないんだ一回も(笑)。好きなのは正直言うとホンダだよ。そりゃもうホンダ断トツだよ。大好きだよ。でも、トヨタはね、そんなに嫌いじゃないのは、なにしろオレ、社員だったからな、レースやってる頃に(笑)。

トヨタの試乗会で怒っちゃったんだよ

島下　でも、トヨタのクルマには結構厳しいですよね？

徳大寺　うん、トヨタは今、クルマが出てくるまでのプロセスが甘くなったたから心配だな。実はこないだもね、あるクルマに乗って怒っちゃったんだよ。デザイナーに怒鳴っちゃったんだ。ムカムカしてしょうがない。何でこんなクルマが出るんだっていう。

　自動車ってね、1台が出るまでに多くの人が関わってるじゃない。ホントに多くの人が関わっていて、しかもその人たちの生活がかかってるわけだからさ、真剣にやらないといけないよね。特にトップはホントに真剣にやんないと、命懸けでやんないとさ。もちろん買った人にとっても、それは同じことだしな。

　それともうひとつ、僕がいつも言うのは、自動車が1台作れるっていうのは、どんな幸せなことかって。エンジニアにとっては一生に一度あるかないか。すごいチャンスなんだよ。特に外国のメーカーなんか、車種が少ないだろ？　だから、そういう機会に巡りあえるのは、本当にひと握りの人間だけなんだ。それをさ、ルーティンの仕事のようにやったらダメだよ、ホントに。作り手が熱くなってないクルマに、買う側が熱くなるわけがない。

　でも、ここでもトヨタがすごいのは、そういう話をしているとさ、「ぜひ今の話を若い人たちにしてやってほしい」って言うんだよな。トヨタは今、真剣になってるから。国内が調子悪いし、海外もここに来て落ち込みが激しいから。

それとトヨタが今、一番お金をかけなけりゃならないのは、もう一度、自動車に若者を向かわせるっていう努力。これをしなければいけないね。

簡単に恋人ができるから若者はクルマに興味がない

島下　そうですよね。でもなぜ今、若者は自動車に向かっていないんだと、徳大寺さんは解釈してらっしゃいますか？

徳大寺　すごく簡単なんだけど、今の若者は、男性にしろ女性にしろ、簡単に恋人ができるからじゃないか。あのね、オレたちん時って、どうしたら女性の気をひくことができるかってことにホント真剣だったんだよな。それが何と言うか、簡単にパンツ脱いでくれる、そういう時代になったからな（笑）。それはそれで難しい部分はあると思うよ。だって簡単にパンツ脱ぐっていっても、相手は誰でもというわけじゃないんだよ、やっぱり！　選ばれた人の前でパンツ脱ぐんであってさ。それはそれで難しいぜ、結構（笑）。

それと自動車を買うのが少なくとも、デートするための最低条件だった、昔は。でも、今はそういう時代じゃない。だからクルマ作りも、そういう時代の若い人に買ってもらうためには、これまでと同じではないけないはずだし、もちろん自動車評論も、昔と同じようなものじゃ読む人なんて、ますますいなくなってしまうよな。

それなのに、出てくるのは、まさにルーティンでつくったようなクルマばかり。ミニバンならミニバンで、何か流行ると、そればかりになってしまう。前に書いたことがあるんだけど、何か売れると皆が全部刈り取るまでそこに集中してしまう、まるで焼き畑農業みたいだ、とね。まぁ今はそれもないけどな(笑)。流行りも自動車になかなか回ってこないっていう感じでさ。

今、自動車は普及し終わって数十年経ったわけじゃない。すると、ただの自動車評論じゃない、次のものが出てきて当然だと思うんだけどね。それとね、今の自動車雑誌に書かれているものっていうのは、非常に簡単なんだな。創造があんまりないんだよ。クリエイティブなことが。だから、モータージャーナリストは小説を読むべきなんだよ。

まあ、それはクルマのほうにも言えることで、クリエイティブだったりセクシーだったりという要素が、最近は非常に少なくなってきたと思う。特に日本車は、一番薄いな、そういうところは。でも、外国車でも非常に特殊なクルマになるよね。すごく高いクルマなんかにしか、なくなっている気はする。

今、男があまり元気がないって言われてるけどさ、そのクルマに乗って横に女性なんかいると、ちょっとおばちゃんでも、暗いところに行ったらガバッといきたくなるような、そういうクルマがないな（笑）。乗っているだけで「オレって格好いいかも」って思えたり、モテるような気になるようなクルマがない。それは時代のせいだけじゃなく、やっぱりクルマ自体のせいでもあるのかもしれないな。

スケベは信用できる

島下　次の時代の自動車評論ってどんなイメージをお持ちになりますか？
徳大寺　たとえばさ、やっぱりカワイイ女の子がいてさ、口説かないのは失礼だと思うんだよ。スケベじゃないとな、やっぱり。スケベは信用できる（笑）。スケベじゃない男は、ちょっと疑ってかかったほうがいい。
自動車評論もそこが大事でね、まだ誰もやってないんだけど、クルマを女のように書くやつがいたら、オレはハッとすると思うな。ただ、それこそオレも目指したけど、うまくいかなかった（笑）。でもとにかくな、女好きじゃないと、自動車評論は難しいぞ。

　僕はいつも思うんだけどね、若手の女性ライターが自動車評論を書いているけど、これが面白くも何ともないんだ！　そこにはセックスがまったく抜けてんだもん。それは男でも同じことだけど、せっかく女性が書いてるんだからさ、女性を感じさせてくれないと意味がないじゃない。あなたは百も承知だと思うんだけど、オレたちの仕事っていうのは原稿が商品なんだからね、売りもんなんだからね、魅力がなければ誰も買わないって、誰も。

　あとはね、僕はクルマっていうのは1日でわかるとは思わないから、いつも普通に使いたいって言ってるの。一週間貸してほしいって言うんだな。すべての編集部がひと通り借りて記事をつくって、もうこのクルマは空いてますっていう時に貸してほしいってね。いつも、新しいクルマはそうやって乗ってるの。だって、自分のもののように使わないと、自動車なんてダメだもの。もちろん**インプレッション**で**箱根**に行くのもいいけどさ、楽しくて。でも、それだけじゃないと思うんだよ。

　それと、もうちょっと自動車の歴史に詳しいほうがいいな。外国で僕たちの

インプレッション
　直訳すると「印象」「感銘」の意味になる。自動車業界では、実際にクルマを運転してみての印象、感想として使われることが多い。

箱根
　神奈川県箱根町を中心に神奈川県と静岡県にまたがる火山の総称。各自動車メーカーの試乗会や自動車媒体の撮影場所としてよく使用される。

仕事の話をすると、まず出てくるのはヒストリックの話なんだよ。メカニズムより先にね。若手でヒストリックをやる人がいてもいいな。だって自動車の歴史なんて、たかだか100年と少しだからね。で、メイクスは1000くらいしかないんだ。覚えられるよ、そんなもん。きっと『三国志』より覚えることは少ないよ。

たとえば日本の歴史を考えてもさ、クラウンって現在生産されている世界のクルマの中で、もっとも古い名前なんだ。1955年だからね、**シトロエンDS**が出た年だよ。そういう歴史や伝統は、もっと大事にしたほうがいいと思う。

今『NAVI』でやってる、**エンスーヒストリックツアー**は面白いよ。ちょっと古いのもすごく古いのも、面白いクルマが見られて。うん、やっぱり歴史の書き手があなたのような若い人の中から出てきてほしいな。もともと自動車の原稿なんて大してカネになんないんだからさ、面白いことやらないと。

まだまだやりたいこと、書きたいことがいっぱいある

島下　では最後にひとつ。自動車評論家というかモータージャーナリストとし

シトロエンDS

1955年に登場し、宇宙船にも例えられた流線的な未来スタイリングが話題になったモデル。そのデザイン性は今もなお新鮮で、空力特性も優れた数値を示した。前後サスペンションにハイドロニューマチックを初めて搭載したモデル。

エンスーヒストリックツアー

自動車誌『NAVI』の人気連載。徳大寺有

て何十年かやってこられて、この仕事って楽しかったですか？

徳大寺　うん。もともと好きだからね、自動車も文章も。僕は自分でいつも思うけど、好きなことをやってさ、幸せな人生だなと思うよ。元々こういう仕事をやりたいなと思ったのは、いつも自動車に囲まれてる仕事だからさ。オレはね、自動車、相当好きなんだと思うな（笑）。

いつも思うんだけど、飽きないんだよ。まったく！　不思議なことに。こないだも北海道まで1泊で試乗会に行ってきたんだけど、全然面倒じゃないし、いやじゃないんだよ。行って、クルマを見るまでものすごく楽しみでさ、乗ってまた本当に楽しいんだよ。この仕事はね、合ってると思うんだ（笑）。この仕事、まだやりたいこと書きたいことといっぱいあるし。

自動車評論の大家は皆、長生きなんだよ。小林さんは今おいくつだっけ？　もうすぐ80くらいだと思うけど、元気でやってらっしゃるじゃない。**ポール・フレール**さんが亡くなったのは91歳か。さすが、好きなことだけやってきただけあるなぁと思う。僕ももうちょっと長生きするかな（笑）。

恒や松本英雄のマニアックな話が人気。単行本も出版されている。

ポール・フレール　ベルギー人の自動車ジャーナリスト。1952年～56年はF1ドライバーとして活躍。小林彰太郎と親交が深く、『CAR GRAPHIC』にてコラム「FROM EUROPE」を執筆していた。

対話を終えて——熱かった「I Think」

お話をうかがったのは、とある暑い日の午前中。徳大寺さんの書斎にお邪魔しての対談となりました。正直、実際にお会いするまでは不安もなくはなかったのですが、それはまったくの杞憂でした。これまでほとんどお話しさせていただいたことのない私なんぞが突然押し掛けて、不躾なことをお聞きしているのに、とても気さくに、数々の冗談も交えながら、そこまで話していいの？というぐらいいろいろと語ってくれたのです。

中でもやはり、一番お聞きしたかった自動車評論はどうあるべきかということについてのお話は、とても興味深いものがありました。特に印象的だったのは、「I think」の原稿であるべきだというところ、でしょうか。

昨今の自動車メディアに掲載される記事は、いわゆるインプレッションものが大半を占めています。端的に言えば、乗ってどう感じたか、ですね。もちろん、そこには自分なりの視点が反映されて、というか、仮にそのつもりはなくても反映されざるを得なくて、結果としてそれぞれ独自の原稿になる。そこまでは、まあやれているんだろうと思います。

ですが、それは「I think」ではないのかもしれない。感じたことが、そのまま。

インプレッション＝印象だから、それで間違ってはいませんが、そこには、どうしてそう感じたのか、思考した上での「評論」がなされてはいないのではないかということです。もちろん、自分はできているなんて言うつもりはありませんが。

公平な評論なんてあり得ない。徳大寺さんはそうおっしゃいましたが、本当にそうだと思います。自分の立ち位置を明らかにして、その視点から物を言わなければ説得力は持ち得ない。

評論とは、自分は何を考えているか、何を思っているかを表明する行為であり、それだからこそ読者がつく。感じたことをそのまま垂れ流しているだけでは、それが記名でも無記名でも、情報プラスアルファ程度の価値しかないと言っていいかもしれません。

5年前、いや10年前ならば、ある程度の付加価値をのせただけの情報でも、それなりに価値を見出せたのでしょう。でも、これだけ情報があふれて、ましてやブログなどを通じて、個々人がそれに付加価値をのせて発信できる時代に、それで足りるわけがなくて。そうした原稿の、商品価値が下落していったのは当然でしょう。

マニアの顔だけを見たのではない、一般の方を向いた文章であるべきだというのも、当然まったく異論なしです。そもそもクルマって、これ以上はないだろうってくらい面白いものじゃないですか。その面白さを、技法のせいでうまく伝えられていないのだとしたら、それは反省しなければ、考え直さなければと強く強く思うのです。

ただし、それには素養が必要です。説得力という言い方でもいいでしょう。徳大寺さんには、そこに文学があり、あるいは遊びがあり、ファッションという要素もあったということがわかりました。そうそう忘れてはいけない、スケベという要素もですね。

しかしながら、実はもっとも大きいのは、徳大寺さんがクルマを本当に好きということだと思います。好きというより、もしかしたら愛していると言うべきでしょうか。

「開発陣は命懸けでやれ」

この言葉には、ちょっとドキッとしました。それはメーカーに向けて言ったことではあるのですが、同時に、自分たちにも跳ね返ってくる言葉だなということで。

評論って、一見すると部外者的なのですが、本当はやはり大所高所から見ているだけではダメなんですね。もっと渦中に入っていかなくちゃいけない。本気で好きになって、あるいは愛して。それこそ人生を賭して。そうなれば、必然的に傍観者的ではいられなくなり、公平ではいられなくなり、ただ感じて終わりではなくなってくるはず。

結局は、そういうことなのかなというのが、今回、徳大寺さんにお話をうかがって、自分なりに思い至った結論です。まだまだ本当は、あの熱気に圧されて、言葉のすべてを冷静に解釈できてはいない気もしますが、それこそ、それが熱さならば、それでいいのかもしれません。

本当のことを言うと、最近仕事にちょっと醒めかけていた部分がなくもなかったんですね、私。自分なりに賭けてきたつもりの仕事が、ふと気付くと世間では要らないもののようになりつつある。これは結構ショックで。

でも、暑くて熱かったあの日以来、気力が確かに甦りつつあります。本読んで、歴史勉強して、文章研鑽して言葉も学んで、もちろん運転にも磨きをかけて、時間はないけど、もう一撃、何とかやってやるぞ、と。

エネルギーをいただきました、今回は。思い返すだけで、テンションが上がってきます。お世辞じゃなく本当に。最後にもう1度。巨匠、今回はありがとうございました！

第二章 徳大寺有恒×

松本英雄

●松本英雄（マツモト　ヒデオ）
1966年、東京都出身。工業高校の自動車科で構造・整備などの実習を教える傍ら、自動車テクノロジーライターとして専門誌等での執筆活動を行う異色の評論家。近著に「クルマが長持ちする7つの習慣」（二玄社）等がある。

感銘を受けた日本車のメカニズムは何でしたか？

巨匠と初めてお会いしてから、もう15年ほどになるだろうか。私のような若造からすれば大先輩なのに、古いクルマの趣味が似通っていることもあって、とてもフランクに接していただいている。

ニューモデルの試乗会にお供させていただくこともある。感心させられるのは、巨匠が今の新しいクルマに対しても、まったく興味が衰えていないということだ。新たに盛り込まれた新技術のことを、エンジニアに根掘り葉掘り質問するのだ。

巨匠がクルマに興味を持ち始めた50年以上前に比べると、自動車の成り立ちは劇的に変化している。今の自動車はエンジンのマネージメント、サスペンションの「ントロールなど、どんなところにも電子制御がつくのが当たり前になっている。

それは安全性や環境性能を高めるのに大きな効果を発揮している。現在は電子制御なしに自動車を作ること、そして自動車を語ることはもはや不可能である。

考えてみれば、私が自動車に乗り始めた頃はもうディスクブレーキもツインカムも珍しいものではなくなっていたし、電子制御も普通のこととして受け止めている。古いクルマにも乗ったとはいっても、電子制御を知った上でのことなのだ。それは、あくまで追体験にすぎない。

巨匠は、日本のモータリゼーションの中で自動車の技術が飛躍的に発展していく時代を目の当たりにしている。新たなテクノロジーが生み出され自動車が進化していく過程を、どんな気持ちで経験していたのかをぜひ聞いてみたい。

ドラムブレーキはホントにひどかった

松本英雄　徳大寺さんが自動車に興味を持ち始めたのは、１９５０年代の初めですね。日本のモータリゼーションが始まったばかりの時期ですが、国産車でこれはひどいな、と思ったものはありましたか？

徳大寺有恒　ひどいクルマばっかりだったよ（笑）。国産はほとんどがひどい作りだった。僕が自動車に興味を持ち始めた１９５０年代はじめは、ＧＭの売り上げと日本の国家予算がほとんど同じだった。そりゃあ、まだまだまともな自動車を作れるわけがない。

我が家はタクシー屋だったから、シボレーとかフォードとか、いろいろなクルマがあった。その中で、**クラウン**はいいクルマだと思ったけど、ブレーキはホントにひどかったな。輸入車でも、当時はアメ車が多いからほとんどが**ドラムブレーキ**だったたな。ヨーロッパ車、特にドイツ車が入るようになってから、ちゃんとしたブレーキのクルマが多くなってきたね。

ドラムブレーキというのは、構造としてダメなんだ。フェードしやすくて。一発目は効くんだけど、何回も踏んでいると本当に効かなくなる。１９５２年

クラウン

１９５５年に発売された、トヨタの高級セダン。他社がノックダウン生産を手がける中、自社開発にこだわって作り出された。後輪駆動で、１５００cc４気筒ＯＨＶエンジンに３段マニュアルトランスミッションが組み合わされた。価格は、約１００万円だった。

ドラムブレーキ
ホイール内部に備えられたドラムに摩擦材

の我が家のダットサンは、さすがに油圧ブレーキだったよ。もう少し前だとワイヤーだったけど、それだと自転車と同じだ（笑）。

ドラムでも、アルファロメオはフィン付きのものを付けていて、アレはスゴかった。日本車にはああいう工夫はなかったからね。

山道の下りに、砂でできたエスケープゾーンがあるでしょう。今はあれを使ったことのある人はほとんどいないと思うけど、当時はブレーキが効かなくなってあのエスケープゾーンのおかげで助かったという話はよくあったんだよ。

新聞で、女の子が山道の下りで事故を起こしてケガをしたという記事を読んだことがあるんだ。その女の子は、「**エンジンブレーキ**を使って下りるように、と看板に書いてあったけど、エンジンブレーキというのがどこにあるのかわからなかった」と話していたというんだ（笑）。それで、テクニックのことをちゃんと本に書かなくてはいけないと思ったんだ。

日本の道はまだひどいもので、穴ぼこだらけだった。40キロか50キロ出せればたいしたもんだという頃で、そんなスピードでも下り坂でブレーキを使うと必ずフェードしていたんだ。


のブレーキシューを押し付けて減速させる方式のブレーキ。小型で低コストだが、熱がこもって冷えにくく、制動力が落ちてしまうという欠点がある。現在では、乗用車には放熱性に優れたディスクブレーキが使われることが多い。

エンジンブレーキ
エンジン内部の回転抵抗を利用して減速すること。下り坂でフットブレーキを多用すると熱を持って効かなくなってしまうことがあるため、エンジンブレーキを併用することが望ましい。シフトダウンしてエンジンの回転数を上げ、強い制動力を得る。もちろん専用のスイッチなどはない。

環八でテスト走行中、急に人が飛び出して……

松本　初めてディスクブレーキのクルマに乗ったのは、いつ頃でしたか。

徳大寺　日本車にディスクブレーキが装備されるようになったのは、60年代に入ってからだね。いすゞのベレットは相当に早かったんじゃないかな。ブルーバードは410ではまだドラムブレーキだったけど、途中からディスクも選べるようになったね。

案外、マツダはそういうのが早かったんだよ。ロータリーエンジンを載っけた**ファミリア・ロータリークーペ**は素晴らしく速かったんだが、あれはエンジンブレーキがまったく効かないんだよね。ディスクブレーキじゃなきゃ、危なくて走れなかった。

何のクルマだったか忘れてしまったけど、クルマを借り出して環八でテストをしていたことがあったんだけど、いつも通り百何十キロで走っていた（笑）。そうしたらいきなり道を横断する人が見えた。それでフルブレーキをやったんだけど効いたんだよね、ホントに。ディスクはスゴいなと思ったよ。衝撃的だったね。ドラムだとずっと踏んでると最後はフェードして効かなくなっちゃうん

ファミリア・ロータリークーペ
マツダの小型車ファミリアの2代目となるモデルに高性能なロータリーエンジンを搭載したクーペ。通常のピストンとシリンダーを用いるエンジンと違い、ローターを回転させることで動力を得るのがロータリーエンジンである。100馬力で最高速度180キロを誇った。

マーク2
イギリスの自動車メーカー、ジャガーのスポーティサルーン。1955年に登場したモデルの改良版で、1959年から67年まで販売された。全輪ディスクブレーキを採用するなど、先進的な技術を用いていた。

だよ。ディスクはそれがないんだよね。

日本人がいちばん初めに体験したディスクブレーキは、ジャガーだったと思うな。ジャガーは早くからレースでディスクブレーキを採用していて、ルマンではいちばん早かったんじゃないかな。ロードカーでも、**マーク2**ですでに全輪ディスクブレーキになっているんだよ。

メルセデスは案外遅くて、なかなかディスクに換えなかった。ルマンでは「エアブレーキ」まで登場させたのに、ディスクは採用しなかったんだよ。意固地なところがあるんだな、ドイツのメーカーは。

砂利道での上手な止まり方

松本　**ABS**が登場したのは、もっと後のことですね。

徳大寺　ABSには驚いたよ。初めて海外の試乗会でABSを体験して驚いたよ。グンと制動距離が短くなるんでびっくりしたんだよね。いちばん力を発揮したのは、レースじゃないかな。レーシングカーは、60年代からABSに取り組んでいたと思ったな。

ABS　アンチロック・ブレーキ・システム（Antilock Brake System）の略で、タイヤがロックして横滑りするのを防ぐ装置のこと。油圧で制動力を強くしたり弱くしたりし、安定した減速を可能にする。ドライバーに代わってポンピング操作を行うので、フルブレーキで安全に停止できる。現在では予防安全装置の代表的なものになっており、安価な小型車や軽自動車にも装着されている。

日本では プレリュードに初めて4輪ＡＢＳが付いたよね。最初に出たのはペダルがダッダッダッダッダッと震えるひどいものだったけど。

昔はポンピングブレーキという言葉があったけど、今じゃ教習所でアレはやっちゃいけない、と教えるらしいんだ。

僕たちが免許取ったときは、東京にも砂利道が多かったからね。砂利道には効果があるんだよ。ポンピングブレーキは。今のようなＡＢＳが付いていたら、砂利道だとのべつ効きっぱなしになるかもしれない。技術は確かに進歩したけれど、道や交通状況も今とは全然違うからね。それを忘れちゃあいけない。

砂利道では、どうしても止まらないときに最後にどうするかというと、ステアリングを目一杯切ってブレーキを思いっきり踏むしかない。タイヤで砂利を押し出すようにして止まっていたんだよ。

エンジンに力を注いだホンダ

松本　今は大衆車でもエンジンは**ＤＯＨＣ**が当たり前のようになっていますが、徳大寺さんはＯＨＶの時代から乗っているわけですね。

DOHC
ダブル・オーバーヘッド・カムシャフト（Double Over Head Camshaft）の略。ＯＨＶ（Over Head Valve）、ＳＯＨＣ（Single Over Head Camshaft）とともに、吸排気弁機構の方式である。ＯＨＶがもっとも古く、ＳＯＨＣ、ＤＯＨＣの順に進化して、高性能化したとされる。

プリンス
航空機メーカーの中島飛行機を前身として、戦後に創業した自動車メーカーのプリンス自動車工業のこと。高い技術力で先進的なモデルを生み出したが経営難に陥り、１９６６年に日産自動車に吸

徳大寺　ＯＨＶってのは、本当に回らなかった。だから、**プリンス**のスーパーシックスには驚いた。エンジンは回るし、トルクはある。その頃、セドリックもクラウンもＯＨＶの４発だったのに、ＳＯＨＣでしかも６発なんだからね。速いに決まってる。

でも、エンジンと言えば、ホンダを忘れてはいけない。初めての４輪市販車がＤＯＨＣで、しかも**トラック**ってのがいかにもホンダらしい（笑）。なにせ３６０ccだから、トルクが細いんだ。回転ばかりで乗りにくいクルマだった。たしか９０００回転ぐらい回ったな。

ホンダの技術力は、たいしたものだった。最初のＦ１の時、インジェクションもホンダ自製だったんだよ。ホンダはインジェクションなんてそれまで作ったことがないんだ。それで現場が、ルーカスのインジェクションを買おうかと言ったら、**中村良夫**さんは写真を見ればわかるから買わなくていい、と言ったというんだ。それで、本当にインジェクションの写真を見ただけで作ってしまった（笑）。

ホンダは、面白い会社だった。空冷にこだわったのもそう。技術的にはこれが正しい、と思い込んでいた。親分の**本田宗一郎**さんの考えなんだね。

収合併された。スカイライン、グロリアなどの名は、日産に受け継がれた。

トラック
実際には発売されなかったショーモデルのS360用のDOHCエンジンを搭載したT360のこと。1963年にS500より早く発売された。

中村良夫
中島飛行機出身のエンジニアで、ホンダの四輪車開発の責任者を務め、F1チームの監督にもなった。

本田宗一郎
本田技研工業の創立者。日本人として初めてアメリカの自動車殿堂入りをしている。

ホンダのＤＯＨＣは非常に古典的で、とにかくエンジンを回してパワーを稼いでいた。**エスロク、エスハチ**にはケイヒンのキャブが4連でついているのがカッコよかったな。リッターあたり１００馬力出すんだから、当時としてはとんでもないエンジンだった。

ホンダは自動車業界では新参者だから、最初の頃は、なかなかいい材料が手に入らなくて苦労したみたいだね。エスのエンジンのアルミにしても、普通は鍋やヤカンを作るのに使われるような質の悪いものしか買えなかったと言われているね。

エスの後は打って変わってＳＯＨＣしか作らなくなった。かたくなにＤＯＨＣを作らなくなってしまったんだ。**川本さん**の代になって、重いのはダメだというのがわかってくる。軽くてシンプルなエンジン、ＳＯＨＣで十分だと。

エスはやたらと重かった。小さなエンジンのわりにパワーはうんとあるんだけど、そのかわり重い。だから、パタパタいう2気筒エンジンを載っけていたヨタハチにレースで負けてしまう。あっちは、ボディがアルミで軽いんだ。どちらかというと、トヨタのやり方のほうが賢いな（笑）。

ホンダの技術的な主張としては、**4バルブ**をやらなければ、**ツインカム**は必

エスロク、エスハチ

ホンダのオープンスポーツカー、S600、S800のこと。写真はS600。

川本さん
ホンダの第4代社長、川本信彦のこと。

4バルブ
吸排気バルブが2つずつあるエンジンのこと。多くはDOHCだが、SOHCもある。

要ないということなんでしょう。だから、ホンダはシングルカムのビッグバルブでいこうとした。

エンジンにこだわるのは、今でも同じだね。**S2000**のエンジンなんて、あのクルマにしか使っていない。コストを考えれば1車種に1エンジンなんて今では考えられないけど、ミニバンだけを作っているんじゃない、というプライドがあのエンジンにはあるんだろうね。

空冷2気筒でも速かったヨタハチ

松本　当時はトヨタのエンジンはどうだったんですか。

徳大寺　さっきも言ったけど、ホンダがリッター100馬力を出している時に、ヨタハチに載ったのは基本的に**パブリカ**と同じエンジンで、空冷の2気筒。リッター50馬力も出ていなかった。もともとは、BMWのオートバイのエンジンを研究して作ったものなんだな。

あのヨタハチは、当時の技術のボスの**長谷川さん**が作ったクルマなんだ。あの人は本当に技術のわかる人で、自動車というのは軽くなくちゃいけないとい

ツインカム　DOHCのこと。

S2000　1999年から販売されているオープンスポーツカー。初期型に搭載されたエンジンは2リッター自然吸気で250馬力を発生させた。

パブリカ

1961年に登場したトヨタの小型車。車名は「パブリックカー」からの造語。

長谷川さん　トヨタの元専務、長

うことを主張したんだ。でも、会社としては、長谷川さんは煙たいんだな。いつも正論だから。重くなるから、そんなアクセサリー付けるなとか。

トヨタは本当に困ったと思うんだ。どうしたかというと、長谷川さんを世界旅行に連れ出した（笑）。世界中の自動車メーカーを調べてこいって。あの人はまじめだから世界中回ってコツコツコツコツ調べているうちに、トヨタはやりたいことを全部やっちゃったんだよ。

エンジンに関していえば、トヨタは**ヤマハ**にずいぶん頼っていたと思う。**2000GT**はヤマハが作ったもので、あれはヨタハチとは違って一から作ったスペシャルモデルだからな。トヨタのエンジンで、ヤマハのＤＯＨＣヘッドをつけた2ＴＧも本当にいいエンジンだったんだ。

ヤマハは今でもスゴくて、新しくストレートシックスを作ったりしている。トヨタは、昔から外の会社に開発させて、それを組み合わせていいクルマを仕立てるのが上手だったんだよ。

谷川龍雄氏のこと。クラウン、パブリカ、カローラなどを手がけた。

ヤマハ
ヤマハ発動機のこと。オートバイメーカーとして有名だが、自動車用のエンジンも開発しており、トヨタとの関係は深い。Ｆ1にエンジンを供給していたこともある。

2000GT

トヨタが1967

中島飛行機から生まれた優れた技術

松本　徳大寺さんはトヨタのワークスチームに所属していたわけですが、レーシングカーのエンジンチューニングはどんな具合でしたか。

徳大寺　トヨタのチューニングというのは、圧縮比を上げる、キャブレターの数を増やす、その2つしかない。だから、トヨタのレーシングエンジンは、圧縮比は11ぐらいあったよ。

　そういえば、トヨタが鈴鹿のまねごとでコースを作ってたよ。コーナーはコピーなんだけど、前後のストレートがまったく違うから、全然意味がなかったな。スプーンコーナーの後にすぐヘアピンがきたり（笑）。トヨタらしいけど。

　ある時、僕たちのクルマが**SUのツインキャブ**になったんだ。確かに若干パワーアップしたんだけど、そうなると燃費が悪くなった。1日ももたない。当時、トヨタといえども社内にスタンドはなかったんだよ。それで外へガソリンを入れにいかなきゃならないんだけど、ナンバーがない。でも、行っちゃうんだ（笑）。あの頃は、トヨタといえば、何でもできたんだな。

　一生懸命にやったんだけど、第2回グランプリでほとんどけちょんけちょん

年に発売したスポーツカー。映画『007は二度死ぬ』に登場している。

SUのツインキャブ
　高出力をねらって、燃料気化器のSUキャブレターを2基装着すること。

にプリンスに負けちゃった。プリンスのボスの**中川良一**さんのエンジン技術というのがスゴかったんだよ。プリンスというのは、相当に先を行っていた。

後に中川さんとメルセデスのミュージアムに行ったんだけど、中川さんは倒立V12エンジンの前に1時間いたな。油冷のDOHCの直噴で、エンジニアにとっては憧れだったんだな。

僕にも専門的な話をしてくれたんだよ。「誉」を作った時、材料もなかったしオイルもなかったから**星型**にしたけれど、本当はマルチエンジンにしたかった、と中川さんは言ってたな。

なぜ星型かと聞くと、何度も設計したんだけど、日本ではどうしてもマルチエンジンだと**砂型**が抜けないと言うんだ。それほど技術の差があった。星型は単気筒の集合体だから簡単だったけど、マルチエンジンでは無理だった。

同じ中島飛行機から分かれた富士重工も、技術の会社だよ。頑固一徹、ホントに自分の道を行っていました。スバルの技術力はたいしたもので、僕は**スバル1000**に初めて乗った時、ポルシェってのはきっとこういうクルマに違いない、と思ったんだ。ポルシェに乗ったことはなかったけど、海外の雑誌の記事を読んでいて、どんなクルマか想像していたわけ（笑）。

中川良一
中島飛行機で航空機用エンジンの「栄」「誉」を開発したエンジニア。戦後はプリンス、日産で自動車エンジンの開発に携わった。

星型
シリンダーを放射状に配したエンジンで、航空機に多く用いられる。

砂型
鋳物を作る際に、融かした金属を流し込んで固めるために使う、砂で作った鋳型。

スバル1000
富士重工が1966年に発売した小型車。数々の先進的機構を採用し、アルファスッドやシトロエンGSに影響を与えたといわれスバル1000のエンジンは、それは軽く回ったんだ。OHV**水平対向**だったね。

ブレーキは**インボードタイプ**だった。そういう複雑な機構をとったのは、**バネ下**を軽くしたかったんでしょう。日本で初めて**ゼロスクラブ**をやった、つまりキャンバーキャスターがないんだな。昔の国産車は大キャンバーをつけて、ステアリングを軽くしようとしていた。それをやらないから、スバルのステアリングは重かった。ハンドリングのほうが大切だったんだ。

トヨタと日産が拮抗していた頃

松本　今では日産はトヨタにずいぶん水をあけられてしまっていますが、拮抗していた時代もあったんですよね。

徳大寺　1962、3年の頃は、まだ拮抗していたんだな。**コロナとブルーバード**の販売数が、毎月数百台の差だった。

日産がショックを受けたのは、**510**が**RT40**に負けたことでしょう。RT40はサスペンションはリジッドでエンジンはOHVだった。それに**フルイン**

る。

インボードタイプ
ホイール内部ではなく、車体の下にディスクを配置するタイプのブレーキ。放熱性がよくなるなどのメリットもあるが、構造が複雑になるため乗用車にはあまり使われない。

バネ下
サスペンションのスプリングより下の部分のこと。ここを軽量化すると、乗り心地やハ

ディペンデント、ＳＯＨＣが負けちゃうんだ。日本の一般大衆のレベルがそうだったんだ。パワーステアリングとかパワーブレーキとかエアコンとか、そういうもののほうがずっと大事だった。

乗ってみれば全然レベルが違うから、当時僕は５１０を買ったんだ。クルマ好きはみんな５１０を買っていたな。コロナＧＴ４とかは新しく見えたかもしれないが、所詮リジッドだった。

トヨタはいつも遅かったんだ。シャシー関係は、日産のほうが早く新技術を取り入れていたよ。フルインディペンデントも日産のほうが圧倒的に早かったし、トヨタは、フルインディペンデントにタイヤの幅を広げて対抗したんだ（笑）。素人を騙すのはうまい。幅が広いとカッコよく見えるでしょ。トヨタのセールスマンは、それでお客を説得してた。

フルインディペンデントは、残念なことに日本ではあまり意味がなかった。東京はまあまあ舗装が行き届いていたけれど、地方はまったくといっていいほど舗装路がなかったしね。砂利道でフルインディペンデントなんて意味がない。丈夫なことのほうがずっと大事。ロードホールディングは、ほとんど変わらない。タイヤでショックの緩衝をやっていたんだから。

ンドリングなどを向上させる効果がある。

ゼロスクラブ
車輪の軸と接地面の中心が一致すること。

コロナとブルーバード
トヨタと日産が激しい販売合戦を繰り広げ、「ＢＣ戦争」と呼ばれた。

５１０

日産の乗用車ブルーバードの3代目にあたるモデルで、1967年から72年ま

コロナには**ハードトップ**モデルもあったんだ。正しくはハードトップ・コンバーティブルっていうんだからさ。つまり、コンバーティブル仕様で屋根が硬いという意味。コロナは車名にまでハードトップって入れていたからな、それでアピールしたんだ。

トヨタは説明がわかりやすいんだよ

松本　技術力よりも、タイヤの太さのほうが売れ行きに貢献したというのも、ずいぶん悲しい話ですね。

徳大寺　トヨタは宣伝力と広報力を備えていたから、日産が敗れたのはそういうところが原因だと思うな。可哀想なことに、日産はトヨタとの戦いに負けて、古くてでかい会社なのにつぶれそうになったんだ。

日産の人は素晴らしかったし、技術も素晴らしかったんだ。でも、トヨタは説明がわかりやすいんだな。太いタイヤだから（笑）。日産が**155**ぐらいの時に、トヨタは175とか185だったんだ。太いほうが、素人目にはかっこがよかったんだな。

で製造された。

RT40

トヨタの乗用車コロナの3代目にあたるモデルで、1964年から70年まで製造された。

フルインディペンデント

四輪独立懸架のことのこと。左右の車輪が独立して上下する構造のサスペンションを、前輪後輪ともに採用することを言う。固定軸日産はトヨタがタイヤの見た目で押しているのがわかっていたけど、**追浜**が強かったからそんなことは通りっこない。お前らクルマのことが全然わかってない、これがオレの選んだタイヤで最高なんだって言われてすごすごと帰ってくる（笑）。

「4速フルシンクロ」のステッカー

松本　エンジンやサスペンションは一般ユーザーにはわかりにくいところがありますが、販売で大きな意味を持つ便利装備もだんだん普及しましたね。

徳大寺　パワーウィンドウなんかは、60年代後半には出てきていたんじゃないかな。たぶん日産セドリックのスペシャルあたりが初めだと思う。当時は、パワーウィンドウが付いていると、ボディに「パワーウィンドウ」というシールを貼っていたんだ。

ほかにもいろいろなステッカーがあったな。「4速**フルシンクロ**」とかいうのもあったし、バスやタクシーには「冷房車」というのがよく貼ってあった。それはまあわかるとしても、自家用車でも貼ってあるのがおかしかった。クー

式（リジッド）に比べ、乗り心地や操縦安定性に優れる。

ハードトップ
3ボックス型の乗用車で、センターピラー（側面中央の支柱）がないタイプのボディのこと。

155
タイヤのサイズで、幅が155ミリであることを示す。

追浜
日産の主力生産拠点である、神奈川県横須賀市にある工場。

フルシンクロ
マニュアルトランスミッションで、ギアの回転を合わせるための機構をシンクロメッシュという。以前は2

ラーの吹き出し口にリボンを結んで、冷気が出ていることを見た目でわかるようにしている人もいたんだ（笑）。

エアコンは、60年代からあって、だいたいダッシュボードの吊り下げ式だった。あと、トランク型というのもあって、これは高いものだったね。高級車に多かったんですが、これがトランクの3分の1か4分の1ぐらい占領しちゃう。エンジンからパイプで引っ張って、後席に乗っている偉い人に効くようになっているわけ。

冷房車は、中古が安かったんだよ。エンジンを傷めるという風評があったんだ。

ほかにも「ターボ」とか「ＤＯＨＣ」「**インタークーラー**」とか、バッジやデカールで強調しているクルマがあった。今じゃ、せいぜい「ハイブリッド」ぐらいでしょう。

そうそう、「**オーバードライブ**」なんてのもあった。たぶん、オーバードライブの意味も知らないで乗っていた人もたくさんいるでしょう。ＭＧＢにモーターを使ってオーバードライブに入れる機構がありましたが、よく壊れるんだ、これが（笑）。シフトノブの上にスイッチが付いていて、これをカチッとやる

速、3速だけに装備されるモデルが多かったため、すべてのギアにシンクロ機構がつくことをこう表現した。

インタークーラー　ターボチャージャーで使われる排気の熱を下げるための機構。

オーバードライブ　トランスミッションの段数が少なかった時代にあった、高速走行のために高いギアをセレクトする装置。今ではATでも多段化が進んでいるため、ほとんど用いられない。

とオーバードライブになったんだ。

トランスミッションの後ろ、プロペラシャフトにつながるところに遊星ギアが付いていて、スイッチを入れると電磁クラッチがつながるんだ。これは面白くて、うまく使うとサードでオーバードライブに入れることもできる。だから、6段になるわけなんだ。

普通に6段にするにはコストがかかるけれど、これなら**ハウジング**も換えなくて済むから安上がりなんだ。部品点数も少ないしね。

日本車では、セドリックにもクラウンにも付いていた。クラウンは特に早かったんじゃないかな。トップに入ってから一回スロットルを戻して、1秒置いて踏むとオーバードライブに入る。**RS30**がそうじゃないかな。でも、このクルマは全然スポーティじゃなかった（笑）。

こういう新しい技術は、だいたいセドリックとクラウンが最初に取り入れていたね。やはり、フラッグシップがいちばん進んでいたわけだ。

パワーステアリングは、**FF**が出てきてからでしょう。FFは、本当にステアリングが重かった。

パワステはアメリカ車の影響もあったでしょう。初期のはずいぶん油漏れも

ハウジング
トランスミッションの機構を格納するケースのこと。

RS30
初代クラウンのマイナーチェンジ後のモデルで、1・9リッターエンジンを搭載した。

FF
前輪駆動車のこと。

した。だから、**フルロック**してはいけない、とよく言われていた。たぶん、今の**リリーフバルブ**のようなものがなかったから、油圧が上がると簡単に漏れたんだろうね。

日本車が飛躍的に進歩した80年代

松本　外国車にようやく追いついて、日本車が世界に伍していくようになったのは、80年代になってからでしょうか。

徳大寺　80年代だと、イギリス車はそんなに先を行っている感じはなかったよ。小道具はカッコいいんだが、根本は古いんだよ。

ドイツは先進的なところがあって、アウディ90なんて素晴らしいクルマだと思ったな。メルセデスの資本が入っていた頃だね。あの会社はいろいろ変わってきたけれど、ようやくちゃんとしたクルマを作るようになってきた頃だった。

もとをたどれば、**DKW**なんて作っていたんだから、マイノリティだよな。DKWも**NSU**も2ストだったんだよ。NSUの1000TTS、こいつは速いクルマだった。

フルロック　ハンドルが動かなくなるまで切ること。

リリーフバルブ　油圧が上がりすぎた場合にオイルを逃がして部品の破損を防ぐ機構。

DKW　ドイツにあったオートバイ、自動車メーカーで、「デーカーヴェー」と読む。アウディの前身。

NSU　世界初のロータリーエンジン搭載車を製造したことで知られるドイツの自動車メーカー。アウディの前身。

ホンダにあったフィアット2300によく乗っていたんだ。なかなかいいクルマだったね。6発が載っていて、ディスクブレーキで。速かったな。

アルファロメオは、名前から言って別格でしょ。アルファは日本に入るのがすごく遅かったんだよ。正規は、アルフェッタからでしょ。V6のセイも速くて、みんなあれを買って研究していた。日産もあれを買ってV6を作ったんだ。当時はV8から2発落として6発を作るなんて、考えられなかったんだよ。できなかったし。

そうそう、昔は自動車メーカーに行くと、〝計算室〟ってものがあったんだよ。女の子が何十人も並んで**タイガー計算機**を膝に乗せて、対数の計算なんかをやってる。ギアレシオの計算とか、すべてこれでやってたんだもの。自動車のニューモデルの開発は、すごく大変だったと思うな。

戦時中に零戦を作るときも、計算はみんな女性がやっていたんだな。彼女たちは爆撃されないトンネルの中に集められて、ひたすら計算をやらされていた。

80年代に、日本のクルマはいちばん進歩したと思うよ。あの頃はツインカムだ、ターボだとワクワクするようなことがあったけど、これからの技術はソフトの方向なんだと思うよ。使い勝手方向はまだまだ進歩する余地があるはずな

タイガー計算機
日本で販売されていた歯車式計算機の商品名。ハンドルを回して加減乗除の計算を行った。

んだ。

日本には、カーナビをもっと活用して発展させる技術があると思うな。アレを発展させていくと自動運転になる。どうしてもＩＴＳになる。日本はジジイババアの国になるから（笑）、特にありがたいんじゃないかな。

もっと自動車を好きになってほしい

松本　日本はこれから技術的アドバンテージをどう保っていけばいいんでしょう。

徳大寺　エンジニアがもうちょっと自分で毎日クルマを使わないと、それは出てこないね。クルマに興味があるエンジニアが減っているような気がするから。エコも大事だけど、ワクワクさせてくれるような技術があるのかというのが大切だ。そういうものがなければ、アドバンテージを保っていくのは難しいな。だから、僕がエンジニアやデザイナーにいちばん言いたいことは、もっと自動車を好きになってほしいということなんだよ。

ＩＴＳ　インテリジェント・トランスポート・システム（Intelligent Transport Systems）の略で、高度道路交通システムのこと。ナビゲーションシステムから運転支援、自動運転まで広い範囲の技術を含む概念。

対話を終えて――

〝機械〟と向き合えた時代

仕事でいろいろなクルマに試乗しますが、正直言って箸にも棒にもかからないなんてクルマにはお目にかかりません。軽自動車だって十分に速いし、ミニバンでもコーナーでふらつくなんてことはないのです。

スポーツカーだからといって、ガマンしなければ乗れないクルマはまずありませんし、逆に普通のセダンやワゴンがかつてのスポーツカーよりはるかにスピードが出たりします。快適性も速さも兼ね備えた、万能のクルマが（お金さえあれば）カンタンに手に入る時代です。

アクセルをドンと踏めば時速２００キロぐらいは普通に出てしまいますし（もちろん、サーキットで）、適切なギアを勝手に選んでくれます。ハンドルを切りながらでもブレーキを踏めばしっかり止まります。

もしうっかり事故を起こしても、エアバッグなどの安全装置が負傷の程度を軽減してくれるでしょう。その前に、スリップやスピンは電子制御で防いでくれるので、よほど乱暴な運転をしない限り、ひどい事故にはならないようになっています。

走る、曲がる、止まるというクルマの基本をきっちり押さえて、しかも安全で快適。造りは高級感があって、環境性能だって抜かりはありません。自動車の技術の進歩は素晴らしい、それは確かです。

ニューモデルの試乗記を書く時も、致命的な欠点を指摘するようなことはなくなってきています。ある意味では些末な、趣味嗜好に関わる点について、あれこれ論じるほかはありません。自動車の成熟期に生きているからこそ、自動車の可能性の果実を味わうことができているわけです。

でも、巨匠のお話を伺っていて、どうしても「うらやましい」という気持ちが生じるのを止めることができませんでした。「あのクルマはエンジンが全然回らなかった」「ブレーキを踏んでも止まらなかった」「まったく曲がらなかった」などというのは、もちろんいい話であるはずはありません。でも、今の優れたクルマしか知らない私と比べると、なんだかクルマの評価の底の深さが違ってくるように思われたのです。

私は以前から古いクルマを所有することがあり、60年代、70年代のクルマに乗った経験は、同年代の中では飛び抜けて多いと思います。だから、巨匠と昔のクルマについて話をすることもあります。雑誌の企画で巨匠と中古車屋めぐりをしていて、かつての名車や懐かしいモデルを見ながらマニアックな話題で盛り上がることもあります。

でも、同じクルマのことを話していても、何かが違うのです。なにしろ、巨匠は新車で乗っているわけですから、メンテナンスを受けているとはいえ、経年変化を経たクルマしか知らない私にはわからないことがたくさんあるに決まっています。

そして、何よりも技術の進歩のただ中にあったということが、大事なのです。すぐにフェードして効かなくなってしまうドラムブレーキしかなかったところに高性能なディスクブレーキが現れたときの喜びは、後から体験することはできません。不完全な乗り物だった自動車がどんどん優れたものになっていく過程を身をもって知ることができたという意味で、巨匠の人生は素晴らしいタイミングだったのだと思います。

巨匠の青春時代は、自動車の運転は特殊な技能でした。今は教習所に通えば誰でもクルマの運転ができますが、昔はそうではなかったようです。電子制御を介さず、生身の人間が機械と直接対峙していたのです。運転とは、自動車と対話することでした。

エンジンの調子を耳で聞き取り、繊細な感覚でアクセルとブレーキのペダルを操作しながら、重いステアリングを操ってクルマを動かしていたのです。細いタイヤがグリップを失わないように全身の感覚を研ぎ澄ませながら、非力なエンジンの能力を最大限に引き出そうと汗をかいていたのです。

巨匠がクラウンで初めて時速１００キロを出したときの気分を想像してみます。それは、今ポルシェで２５０キロ走行をするより、ずっとエキサイティングなものだったのではないでしょうか。

巨匠が今の高性能なクルマを評価する場合にも、その裏には50年以上前にＯＨＶ、リジッドサスペンション、ドラムブレーキのクルマを苦労して運転していた経験があるのです。私がクルマに乗り始めたときは、すでに電子制御も使われるようになっていて、エアコンなどの快適装備も普通に装着されていました。もちろんその後も技術の進歩は続いており、今のクルマは一段と発展したメカニズムを備えてます。

だからこそ、自動車がまだむき出しの機械だった頃のことを忘れてはいけないのだと思うのです。自動車が人間の能力を拡張してくれる輝かしい存在であるために、どんな努力がはらわれてきたのか。それを等閑視しては自動車の人間の関係性をよいものにしていくことはできません。

巨匠はエンジニアやデザイナーに向けて「もっと自動車を好きになってほしい」と語りました。たぶん、これだけでいいのです。巨匠と同じ体験をすることはもはやできませんが、自動車が素晴らしい機械であることを、もう一度思い出してみることはできるはずなのです。

第三章 徳大寺有恒×

清水草一

●清水草一（シミズ　ソウイチ）
1962年、東京都出身。出版社に勤務した際、漫画家・池沢さとし氏を担当。それが縁でフェラーリ・テスタロッサを運転し「フェラーリであればすべて善し」という悟りの境地に至る。日本文芸家協会会員。

フェラーリのスゴさって何ですか？

フェラーリ。それは自動車であって自動車でない芸術だ。芸術的なエンジンを芸術的なボディに積んだ走るアートだ。私はフェラーリに出会って、自動車に対する見方が根本から変わってしまった。自動車は機械だが、同時にアートたりうるもの。そして人を根源的な感動に引き込むことができる。それどころか、神すら見せてしまう。私はフェラーリに乗るたびに、実際、神秘体験を得ている。フェラーリに乗って自らアクセルを踏み、あの神々しいエンジンをレッドゾーン手前まで燃焼させることによって、自分の魂までもが燃焼し、神の存在を感じるのだ。

私は、フェラーリをライフワークにしている。フェラーリと寄り添うことを、自分の人生の墓標にしたいと考えている。その他のすべてのクルマは、フェラーリとは次元の違う生活用品に過ぎないが、それはそれで愛しつつ、地上唯一の自動車芸術・フェラーリを崇拝していこうと心に決めている。

15年前、私がフェラーリを買うことを決意した裏には、巨匠の文章があった。曰く「フェラーリには毒があるが、NSXにはそれがない」。ほかにもいろいろあったのだが、一番印象に残ったのはそれだ。NSXでは決して感じられない何ものかが、フェラーリにはある。自分が感じたことを、巨匠がそう端的に裏付けてくれていた。

自動車の頂点、問答無用の最高峰・フェラーリ。まったく実生活の役には立たないが、ただただ人を感動させるためだけに存在する自動車。それは、自動車文化が行きついた、言わば究極の姿であるだろう。

そんなフェラーリというクルマを、巨匠はどう捉えているのか。15年前、ご本人のあずかり知らぬうちに私の背中を押してくれた巨匠は、どんなフェラーリ体験を得てこられたのか。今こそ、巨匠に聞いておきたい。フェラーリというクルマのなんたるかを。

実物を見てとにかくカッコよかった

清水草一　徳大寺さんがフェラーリを知ったのはいつごろでしょう？

徳大寺有恒　初めてフェラーリに乗ったのは、27、8歳だったかな。佐藤幸一さんという人がフェラーリを持っていたんだよ。この人は三井物産のミラノ駐在員だった人でね、イタリアでフェラーリの250GTスパイダーを買って日本に持ち帰ったんだよ。

それに**式場君**と一緒に乗ったのが最初のフェラーリだった。その頃は東京に2台くらいしかフェラーリがなかったと思うよ。

初めて実物のフェラーリを見たのは、その少し前だったね。63年の**第1回日本グランプリ**の時だよ。その時は、フェラーリやアストンマーティンなんかがバンバン来て、鈴鹿を走ったんだ。

フェラーリは**250GT SWB**が来ていたんだ。もう大ショックだったよ。僕はトヨタのドライバーで出場していたけど、そんなのそっちのけで、アストンマーティンの横に寝ていたいと思った（笑）。

若い頃から海外の自動車雑誌や自動車の本をよく読んでいたから、めちゃめ

式場君　日本のモータースポーツ創生期のレーシングドライバー式場壮吉のこと。ドライバーとしては早くに引退し、「レーシングメイト」という会社を設立し、指導者としての道を歩んでいる。

第一回日本グランプリ

1963年に鈴鹿サーキットで開催された日本初の本格的自動車レース。一般車の

ちゃ知識はあったけれど、実物のフェラーリを見たのはその時が最初で、もちろん走っている姿を見るのなんか生まれて初めてだった。実物を見て本当にいいクルマだと思ったよ。とにかくカッコよかった。

ただね、その時レースでは、なんてことないロータスの23のほうが、フェラーリやアストンよりうんと速かったんだ。それも大ショックだったね。当時はまだ、レーシングカーとスポーツカーの違いが、完全に理解できていなかったんだな。

大事なのは見ること

清水　じゃあ、すぐに手に入れたいと思ったでしょうね。

徳大寺　その後、僕は、ヨーロッパに渡ってちょくちょくルマンを見たんだよ。ちょうどフォード対フェラーリの時代でね。**ヘンリー・フォード**も間近で見た。

当時ヘンリー・フォードの奥さんはイタリア人だったんだ。奥さんはフェラーリが通るとワーッと喜ぶ。それを見てヘンリー・フォードは苦虫を噛み潰したような顔で悔しがっていたな（笑）。

ツーリングカーレース部門6クラス、スポーツカー部門3クラスと海外招待選手による国際スポーツカー・レースだった。

250GT SWB

250GTのホイールベースを200mm短くしたモデル。SWBはショート・ホイールベースの略で、主に公道レースのために製作したとされる。

ただ、そういうのは自分とは別世界の出来事だと思っていたんだ。だから、はじめから買うことを諦めているし、フェラーリを欲しいとも思わなかった。だいたい僕はモノに対する執着心が他人より少ないんだ。大事なことは見ること。すばらしいクルマを見て、乗ってみたいと思う。でも決して欲しいとは思わないんだ。

不思議だよね。普通はいいクルマを見て、乗りたいと思う、それで最終的に欲しくなるのに。僕には最後の欲がないんだ。見て、乗ってしまえばそれで満足。あとはいい本を読むことだ。これができれば十分だよ。

フェラーリを買おうなんて思ったこともなかった

清水　でも、何台かフェラーリをお買いになっていますね。

徳大寺　最初に買ったフェラーリは、**365GT2+2**なんだ。エンジンのかかりが非常に悪くてね（笑）。

家の近くに4~5台駐車場を借りていたんだけれど、フェラーリに乗る時はいつもメルセデスの**280SL**の鍵を一緒に持っていった。エンジンがかから

ヘンリー・フォード
フォード・モーター・カンパニーの創設者。彼が作り上げた大量生産技術はT型フォードを産み出し、世界で累計1500万台以上も生産された。

365GT2+2

1967年に登場した4・4リッターの2+2フェラーリ。エンジン排気量だけでなく、ボディも大柄で、これはピニンファリーナによってデザインされた。

ないときは、280SLに乗るんだ。当時の日本ではまだ、フェラーリのメンテナンスがしっかりできなかったんだな。

それを買うことになったのは、ある日、クルマ好きの友人が、「徳さん、フェラーリ欲しいかい」と聞いてきたんだ。それまでフェラーリを買おうなんて思ったこともなかったけど、そう言われたら欲しくなった。

受け取った日は、たしか雪が降っていたかな。積もってはいなかったけど、けっこうな大雪でヒヤヒヤしたよ。だけど、自分がフェラーリを買うことになるなんてと思ってははしゃいでいたよ。

そのクルマは、紺とブルーの中間みたいな色で、少しメタリックが入っていたかな。全然乗ってなかったんだな。5〜6年は経っていたけど、**2000キロ**ちょっとしか走っていなかった。

音こそフェラーリの真髄だと思ったね

清水　巨匠にとって最初のフェラーリはどうでしたか？

徳大寺　エンジンをかけるのには苦労したけど、乗ると本当にいいんだよ。フェ

280SL

1963年のジュネーブショーに登場したW113型の230SLを進化させ、1968年に生産が開始したモデル。2・8ℓのSOHC直列6気筒を搭載し、最高出力は170馬力を発生する。

2000キロ

現代社会における日本人の自動車年間平均走行距離は約1万キロ程度。40年も昔の話だ

ラーリのV12は格別だね。なんといっても音がいい。**フェラーリミュージック**があれば、オーディオなんていらないね。

フェラーリのV12は、最初にクォーンと低めで、次にそれが一段高くなってカーンとなって、7000回転を超えると今までの音にキューンが加わって、一大シンフォニーになるんだ。それを自分の右足でコントロールできるんだから、最高の楽器を弾いている気分になれる。ま、最高のコンサート会場にいる気分だな。「音こそフェラーリの真髄だ」というのは、間違いじゃない。

もちろん、フェラーリのV12は音だけというわけではなくて、なにしろ4・4リッターのエンジンが、8000回転近くまで回るんだから、加速も十分素晴らしいものだったよ。

しかしガソリンは食ったな。まずボディが重い。実重量は2トン近かったからね。当時のフェラーリの公式ウエイトは全部嘘だね。しかもダブルチョークの6キャブレターだろ。ガソリンタンクに穴が開いてるんじゃないかと思うくらいガソリンが減っていくんだ。燃費はリッター2・2から、ゆっくり走っても2・5キロ。ゆっくり走っても大して変わらないんだよ。

当時は**オイルショック**で、スタンドが満タンにしてくれなかった。そこへもっ

が、5〜6年で2000キロは圧倒的に少ない部類に入る。それだけフェラーリが貴重な車種だということだろう。

フェラーリミュージック
大きな吸気音とハイトーンなエンジン音および排気システム等により奏でられるフェラーリ独特のサウンドのこと。

オイルショック
1970年代に2度あった原油の供給逼迫および価格高騰とこれに伴う経済混乱のことをいう。

てきて、３６５ＧＴ２＋２のガソリンタンクは、１２０リッターあるんだ。日本では消防法で１００リッター以上は禁止されてるから１００リッターと書いてあったけど、実際は１２０リッター入ったんだ。だから箱根に行く時は、ガソリンスタンドを何軒もはしごしてからでないと、帰ってこられなかった（笑）。

328GTSで史上最上のエンジンを知った

清水　その後はＶ８フェラーリを？

徳大寺　そう。３０８のクワトロヴァルヴォーレではないやつ。これはアメリカ仕様でね。まったくダメなフェラーリだった。

エンジンの調子が悪くてね。エンジンがまったく回ってくれなかったよ。それでうんざりしていたんだけど、**チェッカーモータース**の金子さんが、新車の**328**ＧＴＳに乗ってみてくれというんだ。もうフェラーリはうんざりだと言ったんだが、まあ乗ってみてというので、試し乗りくらいなら、という軽い気持ちで乗ってみたんだ。

その３２８ＧＴＳはヨーロッパ仕様で、僕が乗っていた３０８とはまったく

チェッカーモータース　1971年に金子眞氏が創業。趣味性の高いモデルのクルマの輸入・販売を手がけ、個性的な新車ディーラーとしてクルマ好きから注目を集めた。現在は、田園調布、新宿、杉並、横浜等に店舗を構えイタリア車の販売台数は日本一を誇る。

328

1985年のフランクフルトショーで登場

違った。本当にフェラーリらしいフェラーリだったよ。365は重すぎたし、308はアメリカ仕様でエンジンがまったく回らなかったけど、328は驚くほどよく回った。それで328を買うことに決めたんだ。

ニューカーのフェラーリなんて初めてで、分不相応なものを買ったという後悔みたいな気持もあったね。でもね、エンジンをかければそんなことはすっかり忘れてしまうんだ。

328はボッシュの**Kジェトロニック**になっていたから、エンジンはあっけないぐらい素直にかかるんだ。あれだけ苦労したフェラーリエンジンのかかりが、ウソみたいにいつも一瞬でかかった。拍子ぬけするくらいにね。

僕はね、この328GTSで史上最上のエンジンを知ったんだ。「コイツとならどこまで落ちててもいい」って思ったな。フェラーリは本当にいい女……いや、悪い女なんだよ（笑）。とにかく、低速から中速へかけての加速がこれほど気持ちのよいエンジンに出逢ったことはなかった。

したモデル。3・2ℓのV8DOHCエンジンを搭載し、最高出力は270馬力を発生する。ボディデザインはピニンファリーナが担当した。クーペモデルのGTBとオープンモデルのGTSが存在する。

Kジェトロニック
エアフロメーターの方式の一つ。独ボッシュ社の商標である。エンジン吸気管内に設けられた計量板が、空気の流れによって押し開かれる角度で吸入空気量を計測すると共に、この計量板に連動して燃料制御弁を直接動かす完全機械式の燃料噴射装置のこと。

僕が指揮者でエンジンが奏者だな

清水　僕も初めてフェラーリエンジンに接した時は、雷に打たれたようになりました。

徳大寺　あの3・2リッターV8DOHC4バルブエンジンは、この世のものとは思えないくらい素晴らしかったな。特にエンジンの吹け上がり方が素晴らしいんだ。リミットはたしか7800だったかな。そこまでエンジン回転の上昇とトルクの上昇がピッタリとシンクロしているんだ。

たとえばサードギアで2000回転からスロットルを踏むと、そこから素晴らしい演奏が始まる。僕が指揮者でエンジンが奏者だな。僕のアクセルに合わせてエンジンが素晴らしい音を奏でてくれると同時にものすごい勢いで加速していくんだよ。

それに、スポーツ性もすばらしかった。328は駆動系もしっかりとしていたから、思うとおりに走ってくれた。クルマがピターッと路面に張り付いていているみたいだったな。

ポルシェ911
ポルシェ社のスポーツカー。開発コード901にて発表された356の後継車種。現在は997型まで生産されている。

フェラーリは純粋に〝クルマ〟だよ

清水　徳大寺さんがフェラーリというクルマを定義すると、どうなるでしょう。

徳大寺　フェラーリは純粋に〝クルマ〟だよ。フェラーリは楽しむために乗るクルマであって、どこかに行くとか、何かを積むとか、そういうためのクルマじゃない。だから純粋にクルマなんだ。

僕は328を買った当時、ポルシェとフェラーリを行ったりきたりしていたな。ポルシェに乗るとフェラーリがよく見えてくるし、フェラーリに乗っていると、ポルシェが懐かしくなる。こいつは人間の性だろう。

ただ、328で少し変わった。308までは、フェラーリV8は**ポルシェ911**に負けていたと思う。でも、328は違った。動力性能的にも911を凌いでいたし、フェラーリは根本から違うものだと思うようになった。

たとえば普通のスポーツカーがあって、その上にポルシェ911があって、そのまた上にフェラーリがあると考えがちだけど、決してそうじゃない。フェラーリはまったく次元の違うクルマだね。それほどにフェラーリは、純粋に〝クルマ〟なんだ。

ブガッティ・ヴェイロン
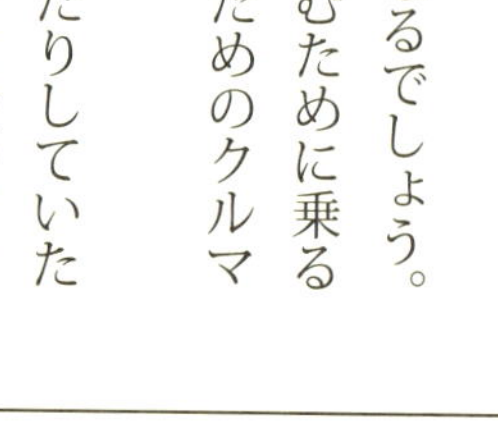
車両価格1億6000万円以上のスーパーカー。8ℓのW16型エンジンは4基のターボチャージャーで過給され、1001馬力を発生する。最高速度は407km／h。

マクラーレンF1
マクラーレン社が1991年に作り上げたスポーツカー。ドライバーシートがセンターに置かれる3人乗

素晴らしいクルマには走れる道が必要

清水　そんな、フェラーリのようなクルマへの憧れが世間から消えつつあるのは、どうしてでしょうね。

徳大寺　走る道がないからだよ（笑）。どんなにクルマが素晴らしくても、走る道がなければどうにもならない。**ブガッティ・ヴェイロン**なんてまさにそれだ。

しかし**マクラーレンF1**は素晴らしかった。あれこそがスポーツカーのベストだ。いいクルマはいくらでも作れるんだ。

マクラーレンを作った**ゴードン・マーレイ**に、そうだな、10億も渡して『ま、頼むわ』と言えば、いかようにも素晴らしいクルマを作ってくれるだろうね。

自動車趣味っていうのは、突き詰めればそういうものだ。それくらいの金がなければ、これはやめたほうがいいだろうな（笑）。

り仕様。エンジンは6・1ℓV型12気筒で最高出力は627馬力。

ゴードン・マーレイ　“鬼才”と呼ばれるカーデザイナー。F1のマクラーレンチームに在籍中はセナ、プロストのマシンを設計した。その後はロードカーのデザイナーに転進し、マクラーレンF1を作り上げた。

対話を終えて——フェラーリと徳大寺有恒は越えられない

細部のことではあるが、巨匠のおっしゃった「アメリカ仕様はエンジンの調子が悪くて、まったく回ってくれなかったが、ヨーロッパ仕様の328はこの世のものとも思えないほど素晴らしかった」という言葉を、今年になってようやく私は実体験することができた。まず日本仕様（アメリカ仕様とほぼ同じ）の328GTBを買い、そのあまりのフンづまり加減に「こんなフェラーリもあったのか」と大きなショックを受けたのである。

原因は、未熟だった排ガス対策にある。日本仕様の328には巨大な触媒が付き、排気の取り回しもまったく違う。それによって、排気の抜けが極端に悪化している。ちなみにヨーロッパ仕様は、機械式燃料噴射の装備のみで、まだ触媒は付けられていない。差が出て当然だ。日本仕様は圧縮比も落とされ、落ちたパワーを補うためにギア比も落とされているが、エンジンフィールの悪化は、その程度の対策ではどうにもならないレベルにあった。

排ガス対策の暗黒期には、512BBi等、ほかにも「これはフェラーリではない」と言いたくなるモデルはあったが、328も仕様の違いによってそれがあったことは驚きだった。

自身6台目のフェラーリとしてそのディーラー車の328を買った私にとって、それはそれで非常に新鮮な体験で、このままま[sic]ったり回らないエンジンを積んだフェラーリに乗り続けるのも悪くないと思ったが、一旦ヨーロッパ仕様の328に試乗してしまったらすぐに我慢できなくなり、わずか1か月で買い替えてしまった。

ヨーロッパ仕様の328は、巨匠のおっしゃるように「この世のものとは思えないほど素晴らしい」のである。

V8フェラーリは、以来、基本的にはすべて、この世のものとは思えないほど素晴らしい。348、F355、360モデナ、すべてこの世のものとは思えない走る芸術だ。「ポルシェとは次元が違うクルマ」という言葉で、私は再び自分が間違っていなかったことを確認することができた。

巨匠は、『間違いだらけのクルマ選び』においても、繰り返し、フェラーリがいかに次元の違うクルマであるかを力説されていた。バブル期、日本中が「ジャパン・アズ・ナンバー1」に浮かれ、GT-RやNSXの速さや信頼性を誇り、「フェラーリなんてクズ」という風潮になった時期にも、フェラーリを賛美し続けておられた。当時の多くの読者は、その高尚な審美眼を理解できなかったように思うが、当時ようやくフェラーリ崇拝に目覚めていた私は、巨匠の言葉に大いに力づけられていたのである。

巨匠は、当時の日本人を冒していた自信過剰状態に、一切左右されなかった。もちろんそういった、地に足のついたスタンスこそが、『間違いだらけ……』の原点なのだが、決してブレないその姿勢は、常に我々のランドマークであった。

日本に初めてフェラーリが上陸したのは、富士での1963年の第1回日本GP。そして日本初のフェラーリオーナーは佐藤幸一氏。それらの事実は、拙著『クルマの女王・フェラーリが見た日本』の取材過程で探り出していたが、それを巨匠の口から再度確認することができたのは、一人のフェラーリマニアとして、大変幸せであった。

そして、フェラーリは純粋にクルマであるという巨匠の結論。私は逆に、フェラーリはクルマではないという表現を使ってきた。クルマというものは人々に奉仕する機械だが、フェラーリは人々に奉仕させる幻想の女王様だからである。

が、それは表現方法の違いに過ぎず、言いたいことは同じはず。究極のクルマか、あるいはクルマという埒外にある至高の存在か。どっちにせよ、意味することに変わりはない。

クルマはいつか滅亡する日が来る。それはかつて馬車が滅亡したように、他の何物かに取って代わられる日が来るからだ。いつになるかはわからないが、必ずその日が来る。

しかし、フェラーリは滅びない。なぜならフェラーリは、最初から実生活の役にまったく立たないからだ。役に立つクルマは、いつかもっと役に立つ道具に取って代わられるが、役に立たないフェラーリは、取って代わるものがない。だから、自動車が滅ぶ日が来ても、フェラーリは滅びない。最終的に、靴のブランドとしてでも生き残る。私はそう考えている。巨匠がおっしゃった「フェラーリは純粋にクルマだ」という言葉も、意味するところは近いはずだ。最も純粋にクルマであるからこそ、最後まで生き残るクルマであると。我田引水かもしれないが、私はそう解釈したい。

ゴードン・マーレイに10億渡せば、フェラーリよりも素晴らしいスポーツカーは作れるかもしれない。しかし天才ゴードン・マーレイにも、フェラーリは作れない。フェラーリはエンツォという狂人が作り上げた、狂気のアートなのだから。スポーツカーのベストはマクラーレンF1でも、フェラーリはあくまでフェラーリであり唯一無二絶対の存在だ。そこまで拡大解釈し、今回の巨匠の伝言を、フェラーリを私の墓標とすることの裏付けのひとつとさせていただこうと思う。

そして私は思う。徳大寺有恒以後、自動車評論の巨匠が生まれることは決してないだろうと。誰も徳大寺有恒を超えることはできない。

第四章　徳大寺有恒×

小沢コージ

●小沢コージ（オザワ　コージ）
1966年、神奈川県出身。某自動車メーカーに就職。その後二玄社『NAVI』編集部を経てフリーランスに。バラエティ自動車評論家として一般誌や専門誌で活動中。ベストカーの「愛のクルマバカ列伝」など連載も多く持つ。

〝徳大寺有恒〟が作られた時代のことを教えてください

自動車評論家〝徳大寺有恒〟は、一体どのように作られたか？　これまでに、日本の自動車評論界で彼以上に成功を納めた人はいない。有名人もいない。せいぜい所ジョージさんのような〝メジャー芸能人のクルマ好き〟がいるくらいで、逆に自動車評論からデビューして『笑っていいとも！』にまで出たのは徳さんだけだ。

もちろん「当時はマイカーブームだったから」「クルマが三種の神器だったから」などと言う人は多い。実際に彼の成功を当時の時代背景と分けて考えることはできない。だからといって〝徳大寺有恒〟の価値が落ちるわけがない。時代背景以上の努力があったはずだ。

というか世の中に評論家は星の数ほどいても、彼ほど固有のキャラクターを作り上げた例は少ない。ヒストリックカーやスーパーカーを乗りこなすだけじゃなく、ツイードのジャケットを着こなし、葉巻を吸い、モルトウイスキーを嗜み、美女と付き合う。こんな人物が現実に存在するとは思えなかった。

考えるに、徳さんの凄いところはクルマのハードウェア評論以上に使う人間の「生き方」「スタイル」「心意気」まで踏み込んだ評論をするところにある。家電評論家がテレビやオーディオの能力や使い方を論ずるのは普通だが、どういう音楽を聴いて、どういう服を着るべきかまで語る人はいない。それはいわゆる〝家電評論〟の域から逸脱している。

つまり、徳大寺有恒という人物は、自動車評論家である以上に〝トクダイジ〟というひとつのキャラクターであり、シンボルなのである。

私自身、常々思うがキャラクターを作ることは難しい。工業製品の善し悪しを論ずるよりよほど難しい。アイデンティティの持ちづらい現代日本において、拝金主義でもなく、効率主義でもない確固とした自分自身の生き方、流儀が必要になるからだ。

つくづく〝第二の徳大寺有恒〟はなかなか生まれ得ないのかもしれない、と思う。

馬鹿がつくほどクルマが好きなオヤジ

小沢コージ　改めてお聞きしますが、徳さんってどういう子供だったんですか。

徳大寺有恒　生意気だったね。うんと生意気だった（笑）。ほんと絵に描いたように生意気な子供だったよ。オヤジの影響をすごく受けたね。

経歴上は、オヤジは水戸でタクシー屋を営んでたってなっているんだけど、もともと親父はサラリーマンだったんだよ。原宿に住んでたしね。

オヤジは田舎の百姓で、ずっと東京に出たかったらしいんだ。小さいころから東京にあこがれて、ずっと東京に出るチャンスを伺っていたらしいんだけど、なかなか機会がなかった。そんなときに**関東大震災**が起こったんだ。オヤジはクルマの運転ができたから、大震災のときに東京に荷物を運ぶ仕事をしていて、東京に出てきたんだよ。

当時は、若い人がクルマの運転をできるのは珍しかったんだな。オヤジは流行に敏感でね。なんでもかんでも他人より、先にやりたがるんだ。クルマが出てきたときには「これだ！」って思ったんだろうね。すぐにクルマの運転も好きになったらしい。

関東大震災
1923年に関東一円に被害をもたらした大地震で、10万人以上の死者が出た。巨匠が生まれる16年前の出来事である。

上京してからは、**GM**のセールスをやっていたんだ。特別英語ができたわけではないんだけどね。なんせクルマが好きだったからね。毎日クルマに関われて幸せだったんじゃないかな。金持ちではなかったけど毎日クルマで通勤してた。

俺はそんなオヤジを見て育ったんだ。どんなになるかは想像がつくだろう？

東京に住んでいたのに、なんで水戸に移ったかというと、第二次大戦の空襲の時に疎開したんだよ。当時オヤジはどうやら上官へのゴマすりがうまいらしくてさ。戦争が終わってないのになぜか日本に帰ってくるの。しばらくは東京にいたんだけど、さすがに空襲がひどくなってね。水戸に姘和さんってオヤジの親友がいたんだ。その人に全財産を預けて、6歳の時に彼を頼って水戸に引っ越したんだな。

姘和さんはすごく頭のいい人でね。さっそくオヤジの財産で水戸に土地を買ったわけ。当時は安かったんだろうなぁ。それが戦後役に立つんだ。

疎開してオヤジは主に製材業をやるんだけど、そのほか水戸自動車工業っていう修理屋をやり、俺が中学に入る頃にはタクシー会社も経営する。当時、営業車は**シボレー**だったんだけど、そのうち自家用車としてライトブルーのクラ

GM
世界最大の自動車メーカー（だった？）、ゼネラルモーターズのこと。キャデラック、シボレー、ポンティアックなどのブランドを擁する。戦前の日本では、フォードとともにシボレーが乗用車の代表的な存在だった。

シボレー
GMの中では、大衆車に位置づけられるブランド。

ウンがやってきてね。興奮したなぁ、あの時は。

本当にクルマが好きだったんだろうね。ほんと、馬鹿がつくほどにね。

アメ車が憧れの的

小沢　けっきょく徳大寺さんはどういうお子さんだったんでしょうか？

徳大寺　おとなしい子だったらしい。病弱でね。のべつこう、当時は自家中毒って腸の病気があってそれになってた。日本医大の小児科に平澤先生って名医がいてさ。14歳ぐらいまで世話になってたよ。

病弱だったけど、それ以上に生意気だし、なによりも女好きだったな（笑）。女の子追っかけては、ちょっかいを出してた。好きな子と手をつないだり、用事もないのに話しかけたりしてさ。クルマより先に女が好きになったの（笑）。

確かにクルマは好きだったけど、今みたいなクルマオタクではなかったな。それでも小学校の後半にはいろいろクルマの絵は描いていてたけどね。一番のきっかけは勇さんだろうな。姸和さんの息子に勇さんって人がいて、彼がクルマ好きだったの。彼が俺にいろいろ教えてくれた。ほかのこともたくさん教えてく

ブロンディ
アメリカの新聞漫画

れたな（笑）。

当時は、進駐軍文化がすごくてさ。外国車といえば、アメ車だった。勇さんももちろんアメ車フリークだったな。彼は俺より6つ上だから、彼が大学生の頃に俺が中学生。彼がクルマや運転に興味を覚えたタイミングで俺もクルマ好きになるんだよ。

本当にいろいろと教えてくれた。オレのクルマ知識の下敷きは勇さんが作ってくれたといっても過言ではないな。

あの頃、朝日新聞に『**ブロンディ**』って四コマ漫画があってさ。ソイツはアメリカ人の夫婦が主人公で、ダンナは普通のセダンなんだけど、奥さんはステーションワゴンに乗ってんの。ほんと外国文化だよ。『**奥様は魔女**』の四コマ漫画版みたいなもんだ。

当時の日本のアメリカに対する憧れは圧倒的だったよ。俺もGM車は好きだったし、大学に入る頃にはマーキュリーを好きになる。イギリスのMGも好きでね。中学の時にはひとりで溜池の**日英自動車**まで行ってカタログを貰ってくる。あの時は心細かった。中学生が自動車屋に行くなんて考えられないだろ。

あの時は日本車にほとんど興味がなかったんだよな。とにかく当時の日本車

で、日本では1949年から51年まで朝日新聞に連載された。便利な電化製品や豊かな食生活が描かれ、アメリカ文化への憧れを醸成した。連載打ち切り後に代わって登場したのが『サザエさん』である。

奥さまは魔女
1966年から68年までTBSで放映されたアメリカのテレビドラマ。魔女のサマンサと普通の会社員であるダーリンの家庭を舞台にしたハッピー・コメディ・ドラマ。

日英自動車
東京の赤坂・溜池にあった輸入車ディーラー。MG、ライレー、ポンティアックなどを扱っていた。

は、外国車のコピーだったから。そういうのはオレのポリシーに反するんだよ。オリジナリティがあって、魅力的じゃないとさ。だから、日本万歳的な考えにはなれなかったな。最初に興味をもったのが外国車っていうのはあるしね。
なにしろ生意気だったからね（笑）。

クルマ＝モテ＆カッコつけだった思春期

小沢　初めて乗ったクルマは国産車らしいですね？。

徳大寺　恥ずかしながら国産車だったんだ。外国車、外国車って言ってたわりには国産車に落ち着いちゃってさ。カッコ悪かったな。オンボロの**ダットサン・デラックス**で**サイドバルブ**の８６０ccエンジンを積んでたんだ。

そんなクルマに乗ってるとさ、オヤジがタクシー会社をやってたから、タクシー落ちとか言われたな。実際オヤジが自家用に乗っていたお下がりだったんだけど。

それを中学生から乗り回してた（笑）オヤジが町の公安委員だったし、町内を走る分にはまったく問題なかった。つくづくいい時代だったよ。今じゃすぐ

ダットサン・デラックス
１９４８年に登場したデラックスセダンのことで、巨匠が乗っていたのはDB・2という50年に出た改良版。出力は20馬力そこそこで、まったく走らなかったという。

に警察に捕まって翌朝の朝刊に載っちまう。いやな世の中だよな。

　本当に俺の物になるのは高校2年の時なんだけど、のべつ遅刻しちゃ学校に乗っていってたな。本当はクルマ通学はいけないんだけど、わざと寝坊して、遅刻しそうになって、クルマで行かざるをえない状況を作っちゃうんだ。我ながら小ズルイ学生だったよ（笑）。

　高校生でクルマに乗ってるのなんて俺くらいだったよ。だからさ、絶対に女にモテると思ったんだ。ついにオレの時代が来たって勘違いしてたよ。でも、まったくモテなかったんだよね。モテたい一心でクルマに乗ってたのにさ。悲しい現実だよ。なんせ田舎だから高校生でクルマを持ってる奴なんて怪しい以外のなにものでもなかったんだよ。とてもじゃないけど女の子なんて寄り付きもしなかった。

　相当、生意気な高校生だったな。だってクルマで登校しちゃうんだからさ。文句なしに生意気（笑）。たしかにハッタリは効いたな。

　高校は水戸第一高等学校ってところで、わりと優秀な学校だったんだけど、バンカラでしょっちゅうほかの学校の連中に呼び出されては殴られてた。今のブサイクな顔つきはその時にできたんじゃないかって今でも思ってるよ（笑）。

サイドバルブ
　吸排気弁機構のひとつで、ＯＨＶよりもさらに古い方式。圧縮比を上げられない構造で効率が悪く、出力は低い。

小さいころから病弱でスポーツも苦手。だから喧嘩なんてしたこともない。それなのに毎日絡まれてさ。たしかに怖かったな。
そんな日々が続いたけど、やっぱりカッコをつけたかったんだ。なんせ3年間朴歯（高下駄）で通ってたからな。帽子は先輩に貰った悪そうなやつで、見た目は完璧なヤンキーよ（笑）。
ほとんど『**俺の空**』の安田一平だったよ。本宮ひろ志の世界。ナンパで弱っちい安田一平ね（笑）。でも当時は良かったよ。殴られるだけで殺されやしないから。今はすぐに刺されちゃうから生意気もできない。

盟友に出会った大学時代

小沢　当時、憧れのヒーローはいましたか？

徳大寺　もちろん石原裕次郎一本よ。ああいう硬派な男になりたかったんだな。やってることは軟派だったけどさ。相変わらず女の子ばかり追いかけてたな。
今の人みたいなナンパはしなかったけど、写真部に入ってさ。もちろん写真も好きだから楽しかったな。暗室で女にキスするのが目的だったかな（笑）。

俺の空
1975年から『週刊プレイボーイ』で連載された本宮ひろ志の作品。主人公の安田一平の破天荒な活躍を描く熱血青春漫画。

当時からその手のことには興味津々だったな。

それから、とにかくキザでね。高校生のときは学ラン着てたわけだけど、本当はずっと背広が着たくてさ。それで成城学園に行って背広を着るわけよ。音楽も中学の頃にプレスリーを聞き始めて、中3で**FEN**を知る。でも大学ではアルゼンチンタンゴに凝って、よく下北沢の「ルポ」って喫茶店に行ったよ。とりあえず成城に入ってシティボーイになりたかったんだ。とにかくあのころはキザで、なんでもカッコつけたかったんだ。

まあ、典型的な茨城の田舎学生だな(笑)。キザでカッコつけで虚勢はってた。ひたすら「いいクルマに乗りたい」って思ってたね。女にもてる方法はこれしかないって。でもさ、大学に入学してみると実際に乗ってる奴が同級生にいたんだよ。これが。

式場くんとか、**本田くん**、**生沢くん**だな。後で皆ビッグになるんだな。そう考えるとすごいメンツが揃ってたんだね。今後の自動車界を牽引する人が揃ってたんだから。ま、俺が一番有名になったけどさ（笑）。

彼らは本当にカッコよくてさ。大学生でジャガーとかに乗ってるんだから嫌になっちゃう。でも本当に楽しかったなぁ。彼らとクルマの話をするのは。だ

FEN
現在の米軍放送AFN（American Forces Network）の1997年までの名称で、極東放送（Far East Network）のこと。洋楽の情報が簡単に手に入らなかった60年代に、米国トップヒットをいち早く聞けるラジオとして貴重だった。

式場くん
P64参照

本田くん
本田宗一郎の子息で、チューニングパーツの販売やエンジン開発を行った株式会社無限の創立者。

生沢くん
元レーシングドライバーの生沢徹のこと。

けど、日本車の話はしない。なんと言っても日本車は野暮ったかった。ダットサンはダメだし、トヨペット・スーパーなんてもっとダメ。あの頃の日本車って本当にダメだった。

大学に入ると俺のクルマも少しは活躍するようになるんだ。当時は**いすゞのヒルマン**に乗っててさ。ポンコツだったけどいいクルマだと思ったなぁ。当時の純国産と比べて楽しい。その上、このヒルマンはポンコツだけに本当に俺にいろんなことを教えてくれたの。エンジンが止まったらまずキャブレター見て、燃料が来てなかったらポンプ見て、ストレーナーのつまり具合を見て、電気も大切だって知ったなぁ。立川の解体屋に行ってキャブ買ったりといろいろやったよ。

この頃から本格的にクルマにはまりだしたんだ。

小林彰太郎に憧れた

小沢　当時はクルマに強い、詳しいってことが男をあげたんですよね？

徳大寺　当然。クルマが故障したらなんとか誤魔化して走らせるくらいじゃな

いすゞのヒルマン

いすゞが1953年から64年までノックダウン生産を行っていたイギリスの乗用車ヒルマンミンクスのこと。

いと女にバカにされちゃうよ。それから道もうんと覚えたね。いろんなバイトしたな。たとえば、神田の志乃田寿司。なんとビートルで都内を配達するわけよ。楽しかったなぁ。そのほか松屋デパートの配達もやった。憧れのビートルに乗れて、道も覚えられて、ついでにお金も貰える。申し分のないバイトだったな。

今の子でいう携帯の会社みたいなものかな。携帯が使いこなせるときっとカッコいいわけでしょう。まあ、クルマほどじゃないんだろうけど。あとは、とにかく本は読んだ。**山本有三**とかを一字一句を覚えてしまうほど、ひたすら読んだな。古典文学から始まって一番凝ったのは**開高健**。開高さんは本当に面白いと思ったよ。あの蘊蓄には打ちのめされたね。知識が広いだけじゃなく、深いんだよ。

もしかしたらオレは〝自動車版の開高健〟になりたいって思ってたのかもしれないな。もっともその前はやはり『CAR GRAPHIC』の小林彰太郎さんだけどね。小林さんは僕が高校生の頃には既に記名で自動車の原稿を書いてらして、それも貪るように読んだよ。とにかく当時は自動車が面白かった。

山本有三
小説家。代表作は『路傍の石』『真実一路』など。

開高健
小説家、エッセイスト。代表作は『ベトナム戦記』『オーパ！』など。

個性的な人と会社が多かった

小沢　自動車そのもののほかに、メディアにも好奇心があったのですか？

徳大寺　あなたたちは知らないだろうけど、自動車に関する本がいろいろ出てたんだよ。たとえば当時、一番本を売った人に**宮本さん**って人がいてさ。この人は『運転法』って本を書いて、俺は16～17の頃にこの本で運転を覚えたの。ほかにも高岸って人がいたんだ。この方は戦前のクルマにうんと詳しかったよ。

あとは今でも我々のお馴染みの**山京さん**。なにしろ山京さんは、当時、BMWレーシングチームの監督だったからな。速かったんだから。このころは、本当に自動車が好きで、個性的な人ばかりだった。

当時はメーカーの方も個性的な人、会社が揃ってたよね。初期の試乗会なんか本当に面白くって、同時にライバル車まで出てくるんだから。確か埼玉の朝霞あたりの川べりでやった初代シビックの試乗会だと思うけど、ADO16が置いてあってソイツにも乗せてくれたりするんだよ。

しかも、当時社長の川本さんとか、お偉い役員が出てきて話もしてくれる。開けっぴろげで家族的だった。

宮本さん　宮本晃男。P12参照。

山京さん　自動車評論家の山口京一のこと。

よく考えると、いろんな方がいて、俺が誕生したわけだ。周りの環境と、人に感謝しなきゃあいけないんだな。

勢いだけだった経営者時代

小沢　周りには個性的な人ばかりで、その中で育ったのになんで「**レーシングメイト**」なんて自動車用品会社作っちゃったんですか？

徳大寺　何だろうね(笑)。別にお金持ちになりたいなんてこれっぽっちも思ったことなかったし、やっぱり一度レーサーになったからだろうね。当時はさ、自動車業界もあんまり発展してなかったから、コネさえあれば結構やりたいことをやれたんだよ。

どうしてもレーサーをやってみたかったからさ。大学時代からの友人である式場君に紹介してもらったんだよ。紹介でレーサーになれちゃうなんて幸せな時代だよね。もちろんきっかけだけだったけどさ。

俺は大学卒業後に本流書店って洋書屋で働いててさ。闇雲に自動車ライターの道を探してたんだけど、その頃ちょうど第1回日本グランプリが行われて、

レーシングメイト
式場壮吉とともに設立した、自動車用品やレースグッズを扱った会社。

ものすごくカッコいいわけさ。もうとにかく「レーサーになりてぇ！」と。それで当時、既にプロだった式場君に紹介してもらって、トヨタの契約ドライバーになったんだ。もっともすぐ首になったけどね（笑）。世の中は甘くないなって痛感したよ。やりたいだけじゃダメなんだと。それなりの努力をしなければいけないんだと。

でもなにか勢いはあったんだろうな。サーキットでは遅くても、ラリーではそこそこ速かったし、その後、ヨーロッパから式場君が買ってきてくれた革巻きステアリングを見て、「これだ！」と気づいた。これが「レーシングメイト」設立のきっかけだな。

開業当時は、それはもう素人に毛が生えたような経営方針だったけど、飛ぶように売れた。ああいうカッコいい自動車用品の走りだったんだろうな。革巻きステアリングとか、革のレーシンググローブとか、外国製の自動車オイルとかさ。今の「ル・ガラージュ」（六本木にあるカー用品ショップ）の元祖みたいなものだな。きっと、俺みたいに外車欲しいけど、買えない人の心に突き刺さったんだろうなぁ。付ければ国産でも外車気分が味わえる（笑）。カッコつけのキザがやるような工夫だな。

まぁセンスはよかったわけだな。当時の自動車ファンの一歩先を行ってたわけだし。強引に結びつけちゃうと、そのセンスが後の『間違いだらけ……』の大ヒットにも繋がるんだ。

でも、当時はそんなこと考えもしなかったし。なんせ5年も経たずにお店を潰しちゃうんだから。つくづく自分は経営の才能がないと思ったね。

ベストセラー『間違いだらけ……』のヒント

小沢　30歳で30億の借金を背負ったんでしたっけ？

徳大寺　そう、ポケットには500円しかなかった。それまで有名人ばかり住んでる原宿の高級マンションに住んでたんだよ。毎晩銀座で豪遊するような生活をしてたんだけど、それが一気に真反対になった。

でも決して死のうとは思わなかったな。楽天的だったんだろうね。何とかなるさ精神だったのかな。あんまり当時のことは覚えていないんだ。というか忘れてしまった（笑）。ただ、がむしゃらに仕事をしていたと思う。働かなければ飢え死にだったからね。

ただ、その後は絶対に人を使うまい、使われるまいって思ってた。自分の力でなんとかするんだって心に決めたよ。結論から言うと、この後に（まだ紆余曲折はあるけど）『間違いだらけ……』が大ヒットするわけだな。でもね、これは本当に運としか言いようがないんだよ。ただ、もがいていたんだな。泥沼にはまったときみたいにさ。もがかなければそのまま沈んでしまう。もがいても沈むけど何もしないよりはいいってね。

本当に俺の成功は運なんだよ。ラックだよラック。ただ、いろんなことにはトライしたな。面白いと思うことはとりあえずやってみた。１００挑戦して99失敗するみたいなね。でも1つが成功すればラッキーみたいな。後先考えずに、思いついたまま行動してたな。だから30億も借金作っちゃうんだ。もし、後のことをきっちりと考えるタイプだったら、今の徳大寺有恒はないだろうね。

経歴的にはこの後、講談社の『**チェックメイト**』にいることになってるんだ。でもね、実はその前にちょっとだけタクシーの運転手もやってた。しかもその後に糖尿病を発病して入院する。それからもうちょっとしてからオヤジが死ぬ。大変な時期だった。

人生最大のどん底だったな。でも、決して腐ったりはしなかったよ。それど

チェックメイト
講談社から発行されていた男性向けファッション雑誌。

ころか、いいチャンスだって長年クルマについて思っていたことを書き始めるんだ。これまでの生き様とかクルマに対する考え方とかね。とにかくポジティブだった。これ以上のどん底はないって思ってたもんな。でも、それが『問違いだらけ……』に繋がるんだから不思議だ。ま、今考えると入院もしてたし、執筆活動くらいしかすることがなかったんだろうな。

ダメだからこそ、ほんとにどん底だったからこそ不思議と「なにかやらねば！」と思ったんだろうね。これ以上マイナスになることはないなと。

編集者時代に確信した外車の素晴らしさ

小沢　その後は『チェックメイト』で編集者をやるんですよね？

徳大寺　まあね。しかしさ、人間ってのは本当に捨てたもんじゃないよな。捨てる神あれば拾う神ありだよ。どん底のオレを編集者として雇ってくれるんだからさ。このときばかりは神様の存在を信じたよ。

それから俺はファッションページの担当になって、スーツとかジャケットとかコートとかを借りまくった。とにかくガムシャラに働いたね。このときの思い出は全部仕事だな。

背水の陣というか、捨てる物がない、とにかくがんばるしかない状況だった。で、ちょうどその頃、**初代ゴルフ**を無理して買ったんだ。たまたまヤナセから出物があったからさ。もちろん、お金なんかなかったけど、洋服を借りる時にクルマは必要だし、洋服を借りなきゃページが作れないからね。なんだかんだで女房が金を出してくれたんだよ。あれがなかったら今の俺はなかったよ。

つくづく運と出会いの人生だなと改めて思うね。

雑誌の編集者ってさ。今でもそうだと思うけど、締め切りになると夜遅いでしょう。それどころか明け方になる。だから、講談社にゴルフで通ってた俺は、おのずと朝の4時頃、（首都高）5号線を飛ばすことになるわけだな。5号線てクネクネしてて、運転が楽しいじゃない。そりゃあ、空いていればいいワインディングでどうしても攻めたくなっちゃう。

するとそのゴルフがうんといいんだ。街中では使いやすいし、高速では気持ちいい。なにしろ5号線の深いカーブでアクセルを全開にできるからね。オマケに荷物もたくさん載って、洋服を積んでもさまになる。こんなに便利なクル

初代ゴルフ

1974年に登場したフォルクスワーゲンの小型車。ジウジアーロのFFハッチバックのスタイル、室内空間を広くとった優れたパッケージングなどで、ベストセラーとなった。日本では翌65年に発売され、巨匠はその性能と設計思想に驚嘆。日本車の現状に警鐘を鳴らす『間違いだらけ……』執筆のきっかけとなった。

マがあったのか！って目からウロコが落ちたな。

これが『間違いだらけ……』を書く上での大きな基準になるわけなんだ。ある意味、初代ゴルフをベースに、あらゆる国産車を斬ったのが『間違いだらけ……』とも言えるからね。

当時は日本車がちょうど力を付けてきた頃で、それでもまだまだ本当の意味では外車と力の差があって、のぼせ気味の日本車を打ちのめすには最適のタイミングだったんだ。

本当に運が良かったんだ。世の中のニーズとやりたいことがマッチしたんだ。

間違いだらけだからこそおもしろい

小沢　書いたきっかけはなんだったんですか。

徳大寺　出会いだろうね。元々はさっき言ったように入院してる間に書いた原稿があって、ほかの人に見せるつもりなんてなくてさ。でも、それをその当時の編集仲間に教えたら、**草思社**の社長の加瀬さんが「見せてくれ」と言ってきた。試しに見せてみたら、書き直して本にしようと言い出してさ。当時はそれ

草思社　『間違いだらけ……』の版元となった出版社。

がベストセラーになるなんて考えてもみなかったよ。

本当にラッキーだった。これは俺にとってのひとつのチャンスだろ。夢中で書いたよ。こちとら一度ダメになった人間だからさ。事業をやって潰して、借金背負って、病気になって、それが本を書くチャンスを与えられるなんて人生捨てたもんじゃないよ。

しかし、自分で考えても壮絶な人生だよ。本当に好きなことしかやってない。こんなに好きなことばっかりやって上手くいった人ってあまりいないんじゃないかな。レーサーやって、クビになって、会社作って、会社潰して、編集者になって、入院中に書いた本でいきなりベストセラー作家になる。その後は好きな物食って、好きな酒飲んで、好きな女と付き合って……だもんな。ある意味、男の憧れ的生活をして成功している。

放蕩人生だよな。努力なんてしたことない。ただ結果として時代を先取りしてきた、時代の波に乗ったのは事実だな。仕事についてもそうだし、趣味もそうだし、ファッションや食でもそう。なにより生き方が時代に合ってた。何度も言うようだけどなによりも運が良かった。

好きなことを思う存分やって、思いついたことをやっては失敗して、そんな経験が大ベストセラーになっちゃうんだからな。本当に好きなことやってただけ。

とはいえレーサーもレーシングメイトも倒産も病気も、どれも『間違いだらけ……』の肥やしになってる気はするよ。大学を卒業した、単なるお坊ちゃまのクルマ好きでは絶対に書けなかったと思うし。なんていうか、好きなことをやり続けたからの成功なんだと思ってるよ。単にラッキーだったというより。

人生、無駄な事はないとは言うけどな。

あえて言えばオレの人生自体が〝間違いだらけ〟なんだ。猪突猛進で色気たっぷりで、どんどん成功しては、失敗して、ぶつかってきた人生。保険なんかかけてなかったからよかったのかもしれない。

でも、だからこそ面白いんだ。〝間違えない人生〟なんて面白いわけがない。

対話を終えて——クルマ好きとカッコつけとオンナ好きと

ぶっちゃけた話、お会いする前は私は徳大寺さんがとても苦手だった。誰が相手でも物怖じしない過激な物言い、白髪&オールバックの威圧的なヘアスタイル、〝ジャグワー〟や〝メルツェデス〟などといった現代の若者には通じないであろう過剰なカタカナ表現など、『間違いだらけ……』の本質とは別にいけすかないオヤジだと思ったのが、私の徳大寺有恒に対するイメージだった。

ところがＮＡＶＩ編集部に入り、数々の取材に同行し、あるいは担当してみると、徳大寺有恒の印象はどんどん変わっていった。とにかく面白いのだ。生き方、物事の楽しみ方が。そしてなによりも話が面白いのだ。

その面白さは、クルマ好きとカッコつけとオンナ好きが絶妙なバランスで混ぜ合わさっている点にある。それは、年齢を重ねれば重ねるほど貫禄を増していった。なぜなら発言がどんどん正直かつ正確になるからだ。なによりも、心の中をさらけ出しているような丸裸の発言なのだ。私は今までのクルマ評論一般が、なぜつまらないのか、なぜ興味が湧かないのか、徳大寺さんの話を聞くたびにわかるような気がした。

色っぽくないのだ、正直じゃないのだ、感情的じゃないのだ。そういう表現はちっとも私の心に響かない。元来オタク傾向のほとんどない私は、単なるメカニカル解説やインプレッションなどのステレオタイプの自動車評論を聞き飽きるどころか、最初から聞きたくなかった。もっと違う言葉、違う表現を求めていたのだ。クルマをもっとエモーショナルなものとして語ってほしかったのだ。そのわがままかつ自己中心的な欲求に徳大寺さんは応えてくれていたのだ。

なぜにそんなことができたのか。それは今回のインタビューでよくわかった。徳大寺さんは要するにセクシャルなクルマ好きである。メカとしての興味、デザイン的な興味もさることながら、なにより〝クルマというセクシーな存在〟そのものが好きなのである。要するにマニアなのだ。オタク域を超えたマニアであると私は言いたい。時代もあるし、環境もあるが、そうなったのは何よりも彼が感度のいい男だからである。

クルマ趣味だけでなく、美食やファッションにもそれは現れていて、彼はとにかくセンスがいい。それもいわゆるスタイリスト的に、フェミニンにセンスがいいのではない。男っぽくセンスがいいのだ。それは見事に生き様に反映されている。知人に頼み込んでレーサーになってみたり、30歳で30億もの借金を背負ってみたりと、生き方のセンスが抜群である。

苦労を苦痛と思わず、すべてポジティブに自分の力に変えているのだ。

　言わば彼は〝男としてどうあればカッコいいのか、どうしたら女性からモテるのか〟を追求している男である。生涯を懸けて〝ダンディズム〟を求めている男なのだ。だからこそ、貯金に興味はまったくないし、保守保身には耳を傾けもしないし、おいしい食事が好きだし、クルマを心の底から愛しているし、誰よりも運転が上手いと呼ばれたいし、宵越しの銭はもたねぇ風に遊ぶ。そしてなにより女が好きで、自分のスケベにも正直なのである。なによりも自分自身に正直な男である。

　徳さんだって人間だ。貧乏は怖いし、ケンカも怖いし、時には安定も欲しくなる時もあると思う。だが、そんな素振りは微塵も見せず、堂々と正面から立ち向かう。だから過激だし、とてつもなく色っぽいし、男の私から見ても魅力的なのだ。そしてなによりも正直である。そこに徳大寺有恒という自動車評論家の真骨頂があると私は確信しているのだ。

　クルマメディアに携わってはや17年、知れば知るほどクルマは男のオモチャだと思う。確かに生活必需品だし、女性が乗るのを反対するつもりはまったくないし、ミニバンだって決して嫌いじゃない。だが、あえて断言するがクルマは男のものだ。17年クルマに関ってきて確信した。性差別するつもりはないが、運転は男のほうが似合うし、男のほうが（大抵は）上手だし、男が乗っていたほうが間違いなくカッコイイ。
そして徳大寺さんの受け売りではないが、クルマはイギリスに尽きると思う。もちろん、イタリア車も色っぽくてカッコいいし、ドイツ車も精巧かつ楽しいし、フランス車も優雅でおちゃめだし、日本車も便利で安心だ。だが、イギリス車のように雄々しく、ダサカッコいいクルマは存在しない。それは昔からの歴史が積み上げてきた文化だからだ。いい悪いの問題ではなく、そういうものだから仕方ないのだ。そう受け止めるしかないのである。

私自身思うが、特に最近、日本は男らしさ、男としての誇りが足りない。だから日本の男はモテないのである。サムライの持つ男らしさ、大和魂を忘れてしまっている。男らしさとはある種、愚直なまでのこだわりであり、主張であり、愛であり、ヤセ我慢だと思う。

拝金主義、合理化がますます進む中、そういうバカはモテないし、ウケないし、お得ではない。しかし、そういう男は常にいなくてはいけない。バカで、ヤリすぎで、意気がっていて、カッコつけで、誤解されるぐらいがちょうどいいのだ。日本男児は、やはり心のどこかにサムライを持っていなければいけない。私はそれを勝手にこの偉大かつ愛すべき先輩から学んだと思っている。

徳大寺有恒さん、ありがとうございました。

第五章　徳大寺有恒×

渡辺敏史

「NAVI TALK」が自動車批評にもたらしたものは？

●渡辺敏史（ワタナベ　トシフミ）
1967年、福岡県出身。自動車専門誌の編集者を経てフリーランスに。その年齢不詳かつ飄々としたキャラで深い文章が持ち味の自動車評論家。週刊文春の長期連載「カーなべ」など専門誌・一般誌を問わず活躍中。

日本の自動車文化の発達時期である80年代～90年代は、各自動車媒体とも排気量や最高速度、車重、最大積載量などのスペックを並べては数値の高い低いで、クルマの優劣を競っていた。そんな子供だましの日本の自動車雑誌評論とは一線を画し、自分が思ったまま、感じたままを書くという新しいスタイルの評論を始めたのが、『NAVI』の人気連載企画となった「NAVI TALK」である。

この「NAVI TALK」をきっかけに、日本の自動車評論界を背負って立つことになる大川悠、舘内端そして徳大寺有恒の三人が独自の視点から、自分が感じたままに、至って正直な一台のクルマに対する思いを吐露する。そこには決して数字的な裏付けも、ましてや美辞麗句なんて存在しない。あるのは背景にある作り手の思い入れやメーカーが個々に持ち合わせるコダワリと精神性を加味しながら、個性的な三人の感性を思いのままにぶつけるような本音の評論だった。

それまでにはなかった一台の自動車の真の価値を読者にぶつけるというスタイルの評論は、自動車というカルチャーが世間に受け止められるようになった80年代に見事にマッチした。

毎回、俎上にあげられた自動車メーカーからは、質問や抗議が絶えなかった。しかし、確固たる意志を持った評論でなければ、読者に対して失礼という皆の想いは一貫して変わらなかった。それどころか、回を追うごとに議論はますます激しくなっていった。仕向地による安全装備の違いを巡っては、自動車メーカーと雑誌間だけの対立に留まらず、新聞やテレビといった他のメディアを巻き込んでの一大キャンペーンに至ったこともあるのだ。

そんな一世を風靡したNAVI TALKはどういう経緯で生まれたのか。そして、それを通じて見た、日本車が最も進歩を遂げた華やかなりし80~90年代の印象について、日本ではまだまだ未熟だった自動車という文化に正面から立ち向かい、自動車評論というスタンスを作り上げた徳大寺さん自らに語ってもらった。

ニューアカデミズムが後押しした

渡辺敏史　80年代は日本の自動車メーカーがヨーロッパの自動車メーカーを強く意識し始め、その方向性が商品にも反映され始めた時代だと認識していますが、実際はどうなんでしょうか？

徳大寺有恒　まさにそうだと思う。その先陣を切ったのは、81年の**ソアラ**じゃないかな。日本車初の200km/hカー。あれは、衝撃的だったよ。

そんな時流の中で『**NAVI**』が発売された。発売当初は全然売れなくて苦労したんだよ。潰れちゃうんじゃないかって思ったよ（笑）。ま、そんな冗談はさておき、本当に売れてなかったみたいだよ。

あの本を立ち上げたのは**大川さん**だけど、大川さんは『CG』の編集部にいながら、デザイン全般や新しいカルチャーに明るくて、日本の自動車文化をどうにか変えていく歯車を『NAVI』に託してみようとしたんだと思う。当時は**ニューアカデミズム**の全盛で、**浅田彰**とかの新しい人が面白い切り口や表現で現代論をやっていたんだよ。そのニューアカの流れも、『NAVI』の発刊を後押ししたんだろうな。

ソアラ

トヨタの高級スポーティクーペ。初代は1981年に発売された。直列6気筒エンジンを搭載し、デジタルメーターを採用した。4代目はオープンモデルで、現在はレクサスからSCの名で販売されている。

NAVI
1984年に創刊された自動車雑誌。

日本車が力をつけてきた80年代

渡辺　そんな状況の中で84年に始めた連載がＮＡＶＩ ＴＡＬＫ。僕はＮＡＶＩ ＴＡＬＫを通じて見た、80～90年代の日本の自動車文化というのを徳大寺さんに聞いてみたいと思っていました。まず、それに徳大寺さんが関わることになった経緯を教えて下さい。

徳大寺　そう、ＮＡＶＩ ＴＡＬＫが始まったのは84年。あれから20年以上経ってるんだな。懐かしいよ。まだまだ日本の自動車文化は発展途上でね。それまではずっとヨーロッパの真似ごとをしてきたんだ。でも、この時期になると日本メーカーもずいぶんと力を付けてきてね。やっと個性のあるクルマを作れるようになってきたかなと少し感じるようになったんだな。

実を言うとＮＡＶＩ ＴＡＬＫはね、結構急に決まった話なんだよ。たしか、トヨタか何かの発表会だった。大川さんにいきなり声を掛けられたんだよ。「徳大寺さん、相談したいことがあるから時間を下さい」って。で、２か月後くらいだったか、集まったらそこにいたのが**舘内さん**でね。この３人でクルマの文化論を語って、それを記事にしたいと。そういう話だったな。

大川さん
『ＮＡＶＩ』創刊編集長の大川悠のこと。1965年に『ＣＡＲ ＧＲＡＰＨＩＣ』の編集部員として二玄社に入社し、副編集長を務めた後に『ＮＡＶＩ』を立ち上げた。

ニューアカデミズム
1980年代に構造主義や記号論を背景として、日本の思想的潮流を形成した人文科学の流れのこと。浅田彰の『構造と力』中沢新一の『チベットのモーツァルト』などがベストセラーになった。

浅田彰
ＮＡＶＩ誌上で田中康夫との対談『憂国呆談』を連載していた。

収拾つかなさそうな座談会メンバー

渡辺　その時に初めて舘内さんと会ったんですか？

徳大寺　舘内さんのことは昔から知ってたよ。彼が『モーターファン』で書いていた原稿が面白くてね。力学的、物理学的な分析に基づいて、論理的にクルマのエンジニアリングを説明できる。当時、そういう人はなかなかいなかったんだよ。で、僕が当時の『モーターファン』編集長の鈴木さんに、面白いから一度会わせてくれって頼んだんだ。結構無理矢理に頼んだな。「徳大寺さんとは気が合わないから」ってごまかされてたしね。そんなことないのに。

何度も頼んで会えることになったんだけど、そしたら今とまったく変わらないフランクな人でね、そのギャップがおかしかったな。実は大川さんにも舘内くんは面白いから何かやってもらったら？　とは常々話をしていたんだよ。そしたら図らずも一緒に仕事をすることになったわけ。

舘内さんってその頃から、「未来は**EV**」って言ってたな。彼はエンジン、つまりクルマの**内燃機**の動向を当時からずっとウオッチしていて、それを元にEVの時代が来るとずっと主張していたんだ。

舘内さん　自動車評論家で日本EVクラブ代表の舘内端。

EV　電気自動車(Electric Vehicle)のこと。

だけど僕は意見が逆でさ。自動車メーカーが１００年近く投資し続けてきた内燃機の時代がそう簡単に終わるわけがないって主張するんだよ。だから舘内さんは内心で僕のことを「古臭いヤツだなぁ」と思っていたと思うんだよ。結果としては今でも内燃機はあるし、ＥＶもある。両者とも正しかったわけだ。

そして大川さんは、ポストモダンにまつわる熱弁をふるっていたな。なんか、全然収拾つかなさそうなメンバーだろ（笑）。だから面白い記事作りができたんだな。それぞれを批判しあうから本音が出てくるんだ。本音を話さないと決していいものはできない。これは自動車だけに限ったことじゃないけどね。

そんな凸凹のメンバーだったけど、大川さんはＮＡＶＩ ＴＡＬＫでは敢えて司会的な役割に回ってくれてたんだと思う。本当にメーカーに対して言いたいことを自分では言わずに、俺たちに言わせようとするわけ。

たまには司会業も忘れて白熱トークになったけどさ（笑）。うまく論議の調子を合わせて『ＮＡＶＩ』の見解としてまとめ上げるという。でも、座談会においての大体の役割はあったかな。僕がパッケージや商品企画みたいなところで、大川さんはデザイン、舘内さんは先進技術みたいな感じで。

内燃機
機関の内部で燃料を燃焼させて動力を取り出す原動機のこと。内燃機関。ガソリンエンジンやディーゼルエンジンなどが代表的な存在である。

缶ビールが写真に写って叱られた

渡辺　ちなみに座談会はどういう形で行われていたんですか。

徳大寺　月に一度、晩飯を食べながら話をするんだよ。**初沢さん**のスタジオでさ。写真を撮った後に、初沢さんのところではうなぎをよく取ったな。青山の大江戸って店の。うまかったたな。油がたっぷりのっててさ。当時は産地の擬装なんてなかったしな（笑）。ほら、オレは食事にもこだわりがあるだろ。メシ時には、それで議論になることもあったたな。ほかの3人もちょっとしたグルメだったんだよ。オレが一番のうまいもの好きだったけどな（笑）。

そういえば一度、あまりに暑いもんで思わず一杯やっちゃったことがあったんだよ。まあ、座談をするだけで、クルマに乗るわけじゃないし、まぁいっかってことになって飲み始めちゃったわけよ。やっぱり世の中には神様がいるな。缶ビールがスタジオで撮った写真の片隅に写っちゃっててね。あれは叱られたなぁ（笑）。あんなに叱られたのはガキのころ以来だった。

当時から、飲んだら乗るなは絶対だった。法律的には今ほど厳しくなかったけどね。でも、クルマの話をするだけのことなのに酒は絶対NGっていうのは

初沢さん　写真家の初沢克利。1985年〜2000年まで『NAVI』の表紙を撮影していた。

今も昔も変わってないな。古いというか、民度の低い話だなぁとは思うけど。

お酒の話はちょっと忘れておいて（笑）、やっぱりＮＡＶＩ ＴＡＬＫの登場は、当時、とてもセンセーショナルに受け止められたんだよ。聞けば思惑が当たって部数も一気に伸びたとか。当時の評論は、スペックを比較するだけの幼稚なものだったから、俺たちが始めたものは新鮮だったんだよ。

当時の日本の自動車メーカーは国内市場の好調もあって、とにかく生産を拡大する一方で、合理化を強烈に推し進めていた時期だったんだ。アメリカに**貿易摩擦**で強烈にバッシングされ始めたのもまさにこの頃だった。

多分日本のメーカーのお偉いさん方はこの頃に頂上が見え始めたんだと思うんだよ。日本車が世界を席巻するという構図がね。でも、我々は全然ダメだと思っていた。

それはやはり、文化も含めての欧米のクルマの成熟度をよく知っていたつもりだったから。だから３人で何かを動かそうという力が働いたんだな。

貿易摩擦
アメリカでは１９８０年代にビッグスリーの赤字を背景に、日本車の輸入に対する反発が起こった。日本では通産省の主導で乗用車の輸出自主規制を始めた。その後、日本の自動車メーカーは現地生産に力を入れるようになり、アキュラやレクサスの進出につながっていく。

独創性という個性を忘れたホンダ

渡辺　その当時、僕らの世代が思い浮かぶクルマといえばソアラや**プレリュード**といった**スペシャリティカー**ですが。モテましたか？

徳大寺　今にしてみると言葉は悪いけど、当時ソアラは女子大生ホイホイなんて言われてさ。モテたよね。あれは（笑）。プレリュードも実によく売れたな。彼らは、ホンダはね、さっき話した日本車の合理化みたいなところを巧くデザインやイメージに転化していたんだよ。**シティ**然り、**アコード**然りで。それがとても斬新で理知的に見えた。しかし、サスのストロークが全然なかったりとか、クルマとして致命的なところもあったんだけどね。

　そこに楯突いたのがＮＡＶＩ ＴＡＬＫってわけ。

　ホンダはさ、上の人間がちゃんとクルマに乗れる人たちばかりだったんだな。川本さんがまだ和光の研究所にいた時なんかさ、**木澤さん**と話し込んでるんだよ。あそこのコーナーはこのライン取りだと何キロで走れるなんてさ。客が来てるってぇのに。そういう人たちの集まりだったから、きっと我々が言っている文句もお見通しだったと思うんだよね。結局ダブルウィッシュボーンも10年

プレリュード

1978年に初代が登場した、ホンダのスポーティクーペ。82年にモデルチェンジされた2代目と87年の3代目が絶大な人気を博した。

スペシャリティカー　純粋なスポーツカーではないがクーペやオープンなどのスポーティなスタイルを持ち、豪華な雰囲気を備えたクルマのことを指す。日産シルビア、ト

も経たないうちにストロークが改善されたし。ああやってコロリと掌を返せるのは、ホンダの強さでもあるだろうな。

今のホンダさ、東大を卒業したような優秀な人たちがホンダを引っ張ってるだろう。エンジニア・オリエンテッドというよりもファイナンス重視で。結果的に海外市場の依存度が高くなって、日本市場のことを全然考えていないようなクルマがどんどん出ている。僕はね、ホンダには「そんなにアメリカが好きならアメリカの会社になっちゃえよ」と言いたいね。

10～20年前に第一線にいたホンダの技術者にしてみたら、なんてつまんない会社になっちゃったんだよと嘆いているんじゃあないだろうか。

一部のモビリティを見れば、斬新な切り口で新しい試みもすごく積極的にやっていると思うけどさ。**パーソナルジェット**とか**アシモ**とか。しかし、あの会社の軸足というか芯の部分はバイクとクルマだろ。ロボットとか飛行機は方向がずれている。だって、クルマもバイクもやることがなくなったわけじゃない。まだまだ進化の余地があるよ。世界に冠たる日本の産業の基幹を支えるホンダが、独創性を失ってどうするんだって話。宗一郎さんだってこうなることは決して本意ではないと思うんだよ。

ヨタ・セリカなどがこう呼ばれた。

シティ　ホンダの小型車で、ここでは1981年発売の初代を指している。背の高いスタイルが「トールボーイ」と呼ばれていた。

アコード　ホンダの中型乗用車。ここでは1976年発売の初代、81年の2代目を指している。

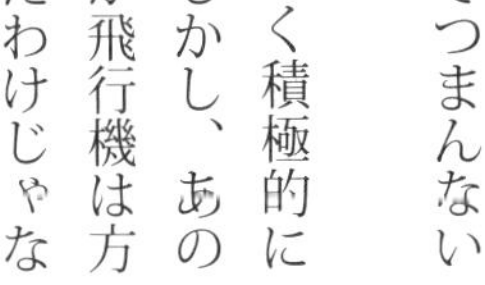

クルマ好きがクルマを作っていない

渡辺　本田宗一郎さんの息がかかった人たちが、定年なんかでどんどんいなくなっているという現状がありますよね。いわゆる「オヤジ世代」といいますか。その点に関してはどうお考えでしょうか？

徳大寺　ホンダはそこに危機感を持ってるはずだよ。宗一郎さんから続く社長なんて、みんなカーガイでさ。川本さんなんて戦前の**ラゴンダ**やアルファロメオなんか持ってて、それを自分で直して走らせようとしてたんだよ。あんな企業のトップがさ、そういう気持ちを忘れていないんだよね。彼らは最先端を提供するという使命の企業のトップでありながら、やっぱり温故知新って言葉をよく理解していて、過去に敬意を払っていたんだよ。でも、今のエンジニアと話をすると、過去に学ぶものはないって感じなんだよ。老婆心だけど、そりゃあどうかなと。

ホンダに限らず、ほかのメーカーにも当てはまるけどな。トヨタなんか博物館があってあんな立派な所蔵があるんだから、もっと社員教育に活用すればと言いたくなるよ。

木澤さん
ホンダのエンジニア、木澤博司のこと。シビック、アコードなどの開発を主導した。

パーソナルジェット
2003年に公開されたホンダジェットのこと。自社開発のエンジンを搭載した6座の小型ジェット機ですでに受注を集めており、2012年に機体が引き渡される予定。

アシモ
ホンダが製造している2足歩行ロボット。

NAVI TALKが褒めると売れない!?

渡辺　話がちょっと脱線しましたが、NAVI TALKといえばそんなホンダの**コンチェルト**がえらく褒められていたのを思い出しますが褒めどころはどこだったんでしょうか？

徳大寺　あれはね、**ローバー**と共同開発だっただろ。だからあの当時のホンダ車としては異例にストロークが長くてさ、狙い澄ましたところがなくて本当にいい実用車だったと思う。

しかし現実は甘くないな。そういうコンチェルトが売れなかったんだな。これが。以降さ、あそこで褒められたクルマは売れねえぞっていうのがメーカーの間に染みついちゃってさ、参ったなぁって感じだったよね（笑）。

そんなこんなで、各メーカーをこき下ろしたり、褒めちぎったりしてたんだけどさ。思ったより横槍は入らなかったな。決して何もなかったとは言えないけど、大ゴトになったのは2、3回だったかな。

でも、日産と三菱には細かく言われた覚えがあるよね。その収録に同席させてもらえませんかとか、問い合わせを受けたことがあるらしいとか。我々とし

ラゴンダ
ルマン優勝の経験を持つ、名門スポーツカーメーカー。戦後はアストンマーティンの傘下となり、その名を残している。

コンチェルト
1988年登場のホンダの小型セダン。

ローバー
イギリスの自動車メーカーで、P6などの名車を製造していたが、60年代からのイギリス自動車産業の再編の波にさらされる。その後ホンダとの提携、BMWの買収などがあり、ブランドは消滅した。ランドローバー部門だけはインドのタタ傘下で生き残っている。

てはどうぞどうぞって感じだったんだけど。

なにかが気に食わなかったんだろうな。正確な理由はわからないけど、オレが思うにあれはエリート意識だろうな。こんな馬の骨に俺の作ったクルマのどうこうを簡単に言われたくないっていうプライドだね。

まぁ缶ビールはともかくとして、彼らにはNAVI TALKに対して自分たちの仕事が間違っていないという自負があったんじゃないかな。当たり前だけどさ。自分の仕事に自信というかプライドを持てなきゃ働いている意味なんてないんだよ。こっちのプライドとあっちのプライドがぶつかり合っていいものができるんじゃないかな。

僕は並行して『間違いだらけのクルマ選び』もやっていたけど、やっぱり彼らにしてみるとこいつらに何がわかるっていう気持ちはあったんだと思う。でもさ、自動車って、そういう一人のいい仕事がすべてを決めるってもんでもないんだよな。メーカー全体が一つの目標に向かって作り上げるだろ。みんなのモチベーションが高くなければいいものはできない。

クルマ作りががらりと変わった60年代

渡辺　最高の仕事をホイッと集めれば最高のクルマができるってもんじゃないですもんね。そこがクルマ作りの面白さでもあり難しさでもあると僕も思います。いまもそうでしょうか？

徳大寺　今もそうなんだよ。ひとつのパッケージにするという時点で必要なのは技術ではない。むしろ強烈な個性を持った指揮者なんだよな。

ＮＡＶＩ ＴＡＬＫではまさにそこを訴えてきたつもりなんだ。だけど当時はまだそこまで日本の自動車業界の尺度が大きくはなかったんだよ。個々のテスト結果なんかどうでもよくてさ、一台のクルマとしてどうなんだっていう成熟度が低かった。

そりゃあ、そこに気づかない限りはメーカーのエンジニアは主張するよな。こんなにいい成績が出ているのに何でこんな評価なんですかって。今も、個性的な指揮者はいないな。ＫＹとかで自分の意見を言う奴が少ないんだよ。というかクルマを作っている連中にクルマ好きがいないから駄目なんだな。

でもさ、指揮者がいないというシステムが日本の急成長を支えてきたのも事実なんだよな。たとえば日産なんかさ、僕ら3人揃って好きなメーカーなんだよ。でもさ、仕事しているうちに日産のそういう官僚的な側面がどうしてもみえてくるんだな。そうなるともうウチらはダメでさ。

その上出てくるクルマもつまんないのが多かったんだよ。NAVI TALKを始めた当初は。**パルサー**とか**R31**とか**Z31**とかね。だからもうこれでもかっていうくらいにボコボコにしたたな。文句があるならかかってこい。公の場所で勝負しようじゃないかって感じでさ。

でも昭和62年ぐらいにがらりと変わったんだよ。グランツーリスモが出た型のセドグロな。あれには驚いたな。日本の自動車メーカーの開発的なパラダイムが完全にヨーロッパに向いた頃だな。

それから初代**シーマ**だろ、**セフィーロ**にZに**GT・R**に**プリメーラ**と。あの時の日産はとんでもない勢いがあったな。

オレは89年型のGT・Rに乗ってたんだけどさ、あれは凄いクルマだった。ポルシェ959のテクノロジーを450万円くらいの値段で実現させるんだぜ。あんなクルマは日本にしかあり得ないよと思ったね。

パルサー　1978年から2000年まで日産が販売していた小型乗用車。

R31　日産スカイラインの7代目にあたるモデルで、1985年に登場した。

Z31　日産フェアレディZの3代目にあたるモデルで、1983年に登場した。

シーマ　日産の高級セダンで、初代は1988年に登場した。動力性能の高さから爆発的に売れ、「シーマ現象」とまで呼ばれた。

GT-Rよりコンチェルト

渡辺　昨今もそんな話をよく聞くような気がしますがどうでしょうか?。

徳大寺　そう。今売ってるGT-Rと話の本筋は変わらないよな。今のGT-Rも確かに凄いよ。どえらく凄い。でもさ、あれをどこでどう乗るのって疑問にはあたるわけじゃない。だから僕は今のGT-Rを、凄いけど欲しいクルマだとは思わない。そして20年前に買ったGT-Rも、似たような理由でわりとすんなり手放してしまったよね。

そこでまたクルマの尊さっていうのは一体何なんだろうって壁にあたる。NAVI TALKはまさにその探究が骨格にあったような気がしているんだ。だからうちら3人はコンチェルトを褒めちゃったんだよな。こっちのほうが毎日乗って絶対幸せだぜって。

始めた頃はそのうち後ろから刺されるんじゃないかと思ったこともあったけどさ。クルマの議論をして、それが原因で死ぬなら本望かなってところもあったけどね。無事だった要素のひとつには、日産や三菱も含めて日本の自動車メーカーもそこに気づいていた人はいたんだと思う。クルマは要素技術を高めるこ

セフィーロ
日産の中型乗用車で、1988年に初代が登場した。

とも大事だけど、まとめるのが一番大事なんだということに。
　ひとつ言えるのはさ、僕が思うにメーカーの広報は、ＮＡＶＩを育てたいと思っていたんだよな。
　彼らはさ、まさにそこに気づいていたんだと思う。技術主導でクルマの優劣が決まることの限界を。ましてや会社の将来を思えば、それが自らの首を絞めていくことも。一般の人にとってのいい技術っていうのは、同じ機能が安く実現できるってことだろ。それが積み重なったらどうなるかっていうと、まさにＮＡＶＩ ＴＡＬＫで話していた**クルマの白物家電化**なんだよ。冷蔵庫は買値と維持費が安くて、いっぱい入って冷えりゃあいいって話だ。
　広報にいる人間っていうのは文系が多いし世間の風にもいっぱい当たってるから、そうなると持久戦でトヨタの一人勝ちになるっていうのが嫌ってほどよくわかるんだよ。だから広報はさ、僕らが暴れると自分たちの仕事が当然増えるわけだけど、こういう奴らを育てることによって技術部隊にも物が言いやすくなるし、まして会社の将来をみれば損ではないだろうという計算をしてくれたんだと思う。

ＧＴ・Ｒ

　１９８９年に登場した日産スカイラインＧＴ・Ｒの８代目、Ｒ３２型のこと。

プリメーラ
　１９９０年に初代が登場した日産の中型乗用車。

クルマの白物家電化
　白物家電とは、冷蔵庫・洗濯機などの家電製品のことで、白い外装色のものが多いことからこう呼ばれる。ク

クルマ作りの意見交換会

渡辺　そういう業界って、はかにないですよね？

徳大寺　本当にそう思う。それはさ、僕らの先輩の小林彰太郎さんとかが道筋をつけてくれていたおかげだよ。君もこの仕事でメシを食ってるんだったら、そこはよく覚えておいたほうがいい。

さっきも話したように、日産についてはずいぶん厳しいことを言ったんだ。ただ、大川さんも舘内さんも本心では日産の悪口は言ってないんじゃないかという気がする。

でもね、日産があんまり偏ったことをやってるとさ、実力があるだけに文句を言いたくもなるんだよ。この点も3人は一致してたな。だからボコボコにやっちゃったな。なんなら公の場で勝負しようじゃないかってくらいの勢いが、当時のＮＡＶＩ ＴＡＬＫにはあったと思う。

そんなＮＡＶＩ ＴＡＬＫの歴史の中で一番印象に残っているクルマはやっぱりレクサスじゃないかな。ＬＳ４００。日本で言う初代セルシオだな。今だから言えるんだけどさ、実はセルシオを開発している頃、よく技術者がＮＡＶ

ルマが成熟商品となって趣味性を失い、価格のみが購入動機になってしまう傾向のことを言っている。

ＩＴＡＬＫの場に来てたんだよね。収録の場にだよ。ちゃんと編集部に話は通してくれてたけどさ。我々もそういう話は大歓迎だったから、よく収録している話を傍らで聞いていってくれた。ちょっと話しづらくはあったけどね。

セルシオの技術者が来てるんだから、オフレコとしたって当然セルシオの話題は出ると思うでしょ。でも、具体的にどういうクルマを作るかなんて話はしてくれないんだよね。これが。われわれ（ユーザー）がどういうクルマを求めているかを聞きたかったんだろうね。

でも、ああいう場所に来るってことは、なにか新しいこと、コンパクトカーというか、適度な大きさのクルマしかなかった日本にスペシャルサルーンを作るんじゃないかって推測はしていたけどね。トヨタもついにきたかって。

彼らはさ、セルシオ作るにあたってありとあらゆるサルーンを買っては研究してたわけ。メルセデスとやＢＭＷはもちろん、**ジャガー**や**ロールス**やあれやこれやと、手当たり次第に徹底的に。そんな話が雑談の端々に出てくるわけだよ。たとえばジャガーのあそこはどうこうとか。ある意味、バレバレだったね。

僕はだから言ったんだよね。そんなものを研究しないほうがいいよと。

ジャガー
イギリスで設立された自動車会社で、Ｅタイプ、ＸＪシリーズなどの高級車やスポーツカーのメーカーとして知られる。現在はインドのタタ傘下となっている。

ロールス
イギリスの高級車メーカーのロールス・ロイスのこと。現在はＢＭＷの傘下となっている。

セルシオに学んだジャガー

渡辺　そのあと、トヨタさんからなにか言われましたか？

徳大寺　そうだな。そのあとも何度か収録に来ていたトヨタの技術者に言われたんだよ。「ジャガーお好きですよね。あれ、どこがいいんですか？」って（笑）。それは論理立てて説明するような話じゃない。感覚でわからなければ一生理解できない話だよ。でも、トヨタがそれを理解しなくても支障はない。たとえ文化はなくとも、彼らのエンジニアリングは自動車産業の第一線を脅かすところに来つつあったんだから。

ジャガーの良さなんて、計測ではかけらも出ないだろう。太宰治のファンに谷崎潤一郎読ませても無理みたいな感じでさ。感覚的というか、もう好き嫌いの問題だからな。でも、人間はそういう感情の部分を大事にしないといけないんだ。今の若いのは、いくら儲かるとか、自分の損得しか考えていない。もっと義理人情というか思いを大事にしないといけないと。

でもさ、出てきたクルマには驚いたよ。こんな静かで滑らかなクルマは見たことがないという感じで。しかも余談があってさ、セルシオが出てから5年くらい経ってジャガーのR&Dに行ったら、開発本部長の机の奥にエンジンの部品がドーンと並べられているわけ。で、これは何と尋ねたら、セルシオのパーツだと。僕が学ぶもんじゃないといったジャガーが、セルシオから学んでるんだよ。こんな皮肉な話はないだろう。

確かにセルシオのエンジン、1UZ-FEの登場は、世界のV8史を変えたな。ジャガーのV8エンジン、AJ8が今でもエミッションで現役を張れているのも、先生が良かったからかもな。

だって、あのホンダの川本さんがさ、言うんだぜ。「徳さん、あのセルシオのV8は凄いわ。よくできたもんだよね」ってさ。ホンダにエンジンで褒められるっていうのは、イチローに素振りで褒められるようなもんだからな。

それでも、結局NAVI TALKではセルシオに対して厳しいこともいっぱい言ってるんだよ。メルセデスなんかと比べて足りないところもたくさんあったから。でもさ、日本のトヨタからいよいよこういうクルマが出てくるようになったっていう現実に対しては、素直に驚いたし嬉しかったよね。

そういう意味では同時期に出たGT-Rの感動は確実に上回っていた。

R&D
Research and development の略で、研究開発部門のこと。

1UZ-FE
トヨタのV型8気筒エンジンで、クラウン、セルシオなどに搭載された。

トヨタ批判から始まる自動車評論

渡辺　同じ時期に出た**インフィニティQ45**はどうだったんですか？

徳大寺　日産はさ、文句は言ってくるんだけどすごくフェアな社風もあってさ。当時の開発責任者はセルシオに対して我々が指摘したQ45の欠点もすごくしっかり理解して、後のモデルに細かく反映させていたと思う。そこについても彼らとは散々議論は重ねたけどね。まぁ指摘した点を言うとさ。速いし曲がるし……なんだけど高級車にしては乱暴すぎたんだよ。走りの日産みたいなところでトヨタとの差別化を大胆に図ろうとしたんだろうけど、やっぱり当時の高級車っていうのはうんと保守的で、流行とは一線引いた世界にあったから、あの**グリルレス**のデザインも含めてうまくいかなかった。

　そういう意味ではやっぱりトヨタは場を読むのが巧かったんだな。だからこちらも批判し甲斐がある。あなた方ほどの才覚がありながら、なぜこんなつまらないクルマを作るのかと問えば、向こうも思い当たる節はいくらでもあるんだから。若い人々は、まずはトヨタの批判から始めないとな。

　トヨタの批判っていうのは、ある意味最もハードルが高い話でもあるけどな。

インフィニティQ45

　インフィニティは日産が北米に設立した高級車専門ブランドで、そのフラッグシップとして1989年に登場したのがQ45。日本ではブランドとしては展開していないが、Q45だけは販売された。

グリルレス

　エンジンの冷却用に取り付けられた網状の空気導入口がフロントグリルで、クルマのアイデンティティを表すとくに今の世の中では。日本を走ってるクルマの半分はトヨタだもんな。

しかし、彼らはまず面白いクルマを作るってことが最も不得手だろ。一方でいい仕事を成し遂げる途方もない手段とエネルギーは持っている。そしてついでにいえば、トヨタの広報っていうのは昔からすごく理解があるところなんだよ。我々が言いたい放題やっていることも逐一上に上がって問題にはなっているけど、我々が自分たちにとっての必要な異分子だってことも最も深いところで承知はしているんだな。

日本は実質世界一の自動車産業国として、いろいろなイニシアチブを握っていかなければならない立場にあるんだ。そしてその流れを積極的に牽引するのは、やはりトヨタの役目になるんだとおもうな。

そのためにひとつ思うのは、今、ＥＶなんかの次世代パワートレーンをやってる最先端の技術者にも旧いクルマのことを知ってほしいんだよな。**自動車の歴史**なんてたかだか１２０〜１３０年だぜ。本気になればそんなものはすぐに覚えられるし、その引き出しが今の仕事に役立たないかと言われれば、まったくそんなことはない。クルマなんて動くための本質は誕生した時からほとんど何も変わっちゃあいないんだから。


目的も併せ持つ。Q45は、それをあえて装着しないというデザインを採用した。

自動車の歴史

ガソリンエンジン車の誕生を自動車の歴史の始まりとするならば、カール・ベンツが3輪自動車を完成させた1886年が自動車元年ということになる。

NAVI TALKの復活!?

渡辺　僕も今、自分の仕事の中で、旧いクルマに対しても知識があることが大きな財産になっていると思っています。それは正しいですよね？

徳大寺　正しいかどうかは正直わからないな。でも、君の財産になることは間違いない。知識っていうのはあればあるほどいいんだ。それだけ引き出しというか、物事を進める上での戦略が増えるんだ。

トヨタだって井の中の蛙みたいなところはあって、世界中にとんでもない数の日本人社員がいながら、本当に鳥瞰的に物事をみているかというとそんなこともない。このままでいくとさ、一体いつまでクルマは個人所有が許されるのかという話になると思うんだよ。だって、７０００万台の保有台数を電車やバスのように管理できる状況に置き換えれば、環境に対しては劇的な効果があるみたいな話に傾いても不思議はないだろう。

移動の自由というのが人権であるとするならば、それを支える方法が公共機関であることになんら問題はないだろう。部署としてそういう未来を予測する仕事があったとしても、それが隅々に浸透していない状況は決してプラスにはならない。
今こそクルマを作るすべての人々の間で、持つ歓びを再認識しなくちゃあならないんだよ。僕はね、もう一度新しいNAVI TALKをやってその辺を意識した追求をやってもいいと思ってるんだ。

自由な移動体としての魅力が失われてはいけない

渡辺　本当は、僕らの世代がこれから新しい提案をしていかなきゃいけないんですよね。

徳大寺　「言うは易し、行うは難し」なんだよな。自動車っていうのは所有も維持も使用も自由だからこそ魅力的な商品なんだよ。最近の若者のクルマ離れっていうのは、生まれた時からクルマが当たり前の存在でありすぎて、その魅力がまったく理解できなくなってるっていうのが一つの端緒だろう。
だから君たちのような若い評論家がその魅力を伝えていかなきゃいけないのだよ。今の自動車雑誌を読むと、新車のインプレッションでも、みんな同じだ。否定の文章なんて一つもない。読者も馬鹿じゃないからそんなことはわかってるんだよ。こいつらの記事は読む必要もないって。だって参考にならないから。よっぽどインターネットの口コミのほうが説得力がある。

　思いが伝えられないなら物書きなんてやめちまったほうがいい。物なんて、悪いところがあるからいいところが際立つんだ。

　NAVI TALKの大前提にあったのもまさにそこなんだよ。自由な移動体であり媒体であり……というクルマの魅力が失われてはダメだという。大量生産に突き進み、おびただしい車種が乱発されるようになった80年代の自動車産業に、何か歯止めをかけるようなことができないかという気持ちが僕ら3人にはあったんだよ。

　そして今、消費が萎みつつある中で、またこの業界は同じような状況にいるんだと思う。一方で僕らがNAVI TALKをやっていた時代とは違って、日本の自動車産業は世界の座に座らされようとしているところなんだ。だから、新しいNAVI TALKを、ぜひとも作ってほしいんだよ。

対話を終えて――これからは我々が石を投げます

「徳大寺有恒」という名前を初めて目にしたのは、今から25年くらい前、自分が高校生の時だったかと思います。確かＤＲ30のスカイラインがＦＪ20を積んで、ターボがくっついてと、日本車の高性能化に拍車がかかり始めた頃ですね。

ちなみに育った場所が北九州なもんで、クルマの深層なんか考えることもなく、ましてやスピードへの欲求はバイクのほうに委ねていたもんですから、クルマはウケてモテてナンボという感覚で、『ホリデーオート』の「Ｏｈ！Ｍｙ街道レーサー」を読んで盛り上がってました。だからもしかして、氏の名前の読み方も知らなかったのかもしれません。まったく失礼な話です。

その後、大学に進学し、僕が時の企画室ネコ（現ネコ・パブリッシング）にお世話になり始めたのが89年。日本車が絶頂期を迎えたその頃合いには、当然名前もきちんと読めるようになっていたばかりか、『間違いだらけ……』をはじめとした書籍、『ＮＡＶＩ』や『ベストカー』などの雑誌を通じて、徳大寺さんの視点や表現といったところの大きさや深さを思い知ることになります。

失礼ついでに言わせていただければ、だから僕にとって徳大寺さんは名前が先にありきではない。仕事をもって敬服したいと思える方でした。

特にその当時、同業他社にいながらＮＡＶＩ ＴＡＬＫの展開は毎月楽しみにしていた覚えがあります。ハチロクが値こなれし、Ｓ13がチューニングの俎上にあったその頃は第一次ドリフトブームのまっただ中。クルマ雑誌は軒並み飛ばして振り回してナンボの記事ばかりで、凡庸で遅い実用車が取り沙汰される場所はあまりなかったわけです。

そんな最中にＮＡＶＩ ＴＡＬＫではホンダ・コンチェルトがバカウケしているっていうのが同業のド末席にいながら、痛快だったことを覚えています。基本的にスポーツカーは大好きですが、そんなものはクルマの価値のほんの一部でしかないということを、思えば僕はあの記事を通じて学んだのでしょう。

日本車には思想がないだの、哲学がないだのというニュアンスの言葉が、ＮＡＶＩ ＴＡＬＫではしばしば使われてきました。いち読者としても関係筋としても、個人的には「正直、そこまで言わなくても……」という気持ちがあったのは確かです。そして、クルマがただの道具だという人からしてみれば、そんな説教じみたもんはあるだけジャマということになるのかもしれません。

これまたNAVI TALKで多用された白物家電にたとえるなら、「冷やす」という目的を満たさない冷蔵庫はない。それと同じで「運ぶ」という目的を満たさないクルマはないわけです。今も、当時も。

NAVI TALKはそんなクルマの平準化に対して断固たる反対の姿勢をとってきた。それは同じ人と物を運ぶ道具であるのなら、より使いやすく気持ちよく、安全に豊かに、持ち主の生活を彩ってくれる道具であるにこしたことはないという、徳大寺さんをはじめとする3人の執念なのだと思います。そしてその執念を表現するための言葉が、思想や哲学という悠然としたものだったのでしょう。

NAVI TALKを読み、NAVI TALKに参加させていただき、徳大寺さんと会話を交わさせてもらえるようになりと、そんな歳を重ねたことによって、僕もようやくこの言葉の重さが見えてくるようになったかなと思っています。

目的に対する充足度ならどれに乗っても同じ。残念ながら日本車を取り巻く状況は現在もさほど変わってはいないと思います。それどころか、昨今は輸入車にも能面のように無表情なクルマが増えているのも事実です。何がいいのか悪いのか。最終的なジャッジはもちろんユーザーの手にあります。

しかしユーザーにクルマという道具を道具以上の感情で接してもらえるように、ひいては日本のクルマが世界に尊敬されるものとなるために、外から投げなければならない石はまだまだ沢山あるのではないでしょうか。

改めて、そんな気持ちにさせてもらえた今回のインタビュー。徳大寺さんには、引き続き日本のクルマの行方を厳しく暖かく見守っていただきたいと思います。メーカーに噛みつかれそうな石は、我々が喜んで投げ込みますので。

そろそろ、クルマの黄金時代《おうごんじだい》の話《はなし》を
しておきましょうか

徳大寺《とくだいじ》有恒《ありつね》からの伝言《でんごん》

初版発行　2008 年 11 月 25 日

著者　徳大寺有恒
発行者　黒須雪子
発行所　株式会社　二玄社
〒 101-8419
東京都千代田区神田神保町 2-2
営業部　〒 113-0021
東京都文京区本駒込 6-2-1
電話 03-5395-0511
装幀・本文デザイン　bueno
印刷　株式会社　シナノ
製本　株式会社　積信堂

ISBN　978-4-544-04353-2

二玄社好評既刊

徳大寺有恒といく
エンスー ヒストリックカー ツアー
NAVI 編集部 編

高校時代、
1952 年式ダットサン DB-2 で通学していた杉江博愛青年は、その後間もなく上京し、紆余曲折を経て、自動車評論家「徳大寺有恒」となった。新車、中古車問わず、あらゆるクルマに乗り、楽しみ、論じた。現在、古稀を二年後に控えた徳大寺有恒は『間違いだらけ……』以降、何をしていたのか。

街の中古車屋を巡っていた。

イタ／フラ専門店、軽自動車専門店、古今東西ごった煮の店……。
ショップだけに飽き足らず、
トヨタ博物館、ホンダ・コレクション・ホール、日産座間記念車庫など、
国内の大小ミュージアムにも足を運んだ。
たまに、しれっと仰天エピソードも打ち明けてくれた。
キャロル・シェルビーに連れてってもらったルマンのこと、
英国ロータス本社から届いた詫び状のこと……。